Contraste insuffisant

NF Z 43-120-14

(Par A.-J.-M. Bachelot de La Pylaie
d'après Barbier.)

S

FLORE

DE

TERRE-NEUVE

ET

DES ILES SAINT-PIERRE ET MICLON,

AVEC FIGURES

DESSINÉES PAR L'AUTEUR,

SUR LA PLANTE VIVANTE.

1ᵉ Livraison.

PARIS.

TYPOGRAPHIE DE A. FIRMIN DIDOT,

RUE JACOB, Nº 24.

1829.

FLORE
DE L'ILE DE TERRE-NEUVE

ET DES ILES
St.-PIERRE ET MICLON.

PREMIÈRE CLASSE.
VÉGÉTAUX AGAMES.

PREMIÈRE FAMILLE.
ALGUES.   ALGÆ.

Algæ De Cand., Fl. fr.; Mirb., Phys. végét.; Agar. spec. Alc.; Lyng. hydroph. Dan.; Hydrophytæ Bory S¹. V¹., Voyag. de Duper.; Thalassiophytæ, Lamˣ. ess.; Gallion, Dic. des scienc. nat.

CARACTÈRE.

FLORAISON. Toujours nulle par l'absence d'organes sexuels.

FRUCTIFICATION. Spontanée, polymorphe, quelquefois peu distincte : de deux sortes chez certaines espèces, mais très-rarement sur le même individu.

Elle est :

EXTERNE et se présente : soit en TUBERCULES polyspermes, sessiles ou pédonculés, épiphylles ou marginaux, dont l'enveloppe péricarpienne est ordinairement distincte par sa translucidité, de la masse interne; celle-ci, qui est toujours plus colorée et plus ou moins opaque, est formée par l'agglomération de très-petites graines qui ont reçu les noms de Sporules, Granules et SÉMINULES :

Soit en CONCEPTACLES (1) nommés aussi Gongyles, terminaux ou latéraux, bursiformes, renfermant de nombreuses cavités ou loges séminifères, ouvertes extérieurement par un pore apicilaire nommé Ostiole; quelquefois en forme de Siliques ou silicules polyspermes indéhiscentes. GRAINES pyriformes, accompagnées de filaments articulés, quelquefois arrondies et Arillées, c'est-à-dire entourées d'une extension marginale ressemblant à un anneau diaphane.

INTERNE et alors logée tantôt dans la cavité du tube du végétal, ou tantôt innée dans la substance de la fronde, et se réduisant pour lors uniquement aux SÉMINULES qui sont quelquefois anguleuses. Ce dernier mode se présente avec la fructification Tuberculaire sur le même individu.

DISSÉMINATION. Par la destruction de la partie qui recèle les séminules éparses, par l'ostiole, par la rupture du péricarpe des tubercules sur les espèces planes, ou par celle du tube qui les renferme dans les espèces à jets ou filaments cylindriques.

VÉGÉTATION. Plantes toujours flexibles, quelquefois gélatineuses ou papyracées; se présentant tantôt sous la forme d'une espèce de feuillage, tantôt sous celle de membranes plus ou moins épaisses, ordinairement divisées, ou réduites à l'état de jets cylindriques et même de filaments ordinairement rameux ou divisés, souvent d'une finesse extrême et tubuleux; à cavité continue ou divisée par des cloisons plus ou moins nombreuses : ne naissant jamais sur des corps en décomposition; exigeant pour leur existence un état de submersion le plus souvent constante, ou la présence seule de la fraîcheur et de l'humidité; quelquefois susceptibles de revivre après une dessication complète; ayant pour RACINE une simple callosité, une agglomération stupeuse, des fibres stolonifères ou une racine rameuse (2). TIGE rarement longue et cylindrique, ordinairement très

(1) La dénomination de RÉCEPTACLE, employée par Agardh, pour désigner cette partie, étant consacrée au support des fleurs, comme dans les Synanthérées, je préfère celle de CONCEPTACLE qui exprime le lieu de l'organisation où le corps propagateur est conçu.

(2) Il arrive dans ce dernier cas que la racine primitive cessant bientôt de participer au degré d'accroissement général de la plante, reste comme avortée, et que la tige n'est consolidée sur le corps qui la porte que par les nouvelles racines qui poussent à l'origine de la précédente. Ex : Lam. Dermatodea, à Terre-Neuve, et L. Bu

ourte ou presque nulle, et se confondant avec le reste du végétal qu'elle constitue par son accroissement uniforme, ou par son extension en largeur.

DURÉE. Végétaux plus communément annuels que vivaces; quelques-uns
n'existant que pendant un temps fort limité. Aux approches de l'été nombre d'espèces commencent à éprouver une destruction successive du sommet à la base,
tandis que l'accroissement continue encore plus ou moins long-temps dans les
parties inférieures qui n'ont rien perdu de leur force végétative.

COULEURS. Le vert olivâtre ou herbacé, une nuance jaunâtre, des teintes
d'un brun violacé, ou tirant sur le pourpre; enfin le rose carminé dû à la présence de l'iode chez les espèces qui habitent les lieux profonds ou obscurs;
mais ordinairement ces couleurs se ternissent ou même changent en vieillissant.

ODEUR. Particulière, âcre et pénétrante, ammoniacale dans certaines céramiaires; devenant très-fétide par la fermentation, et plus ou moins analogue à
celle des substances animales : le stipe des Laminaires, lorsqu'il brûle, exhale une
odeur propre aux fucacées, en réagissant sur lui-même comme le ferait une corde
à violon.

HABITATION. La mer, les rivières, les ruisseaux, les lacs et les marais : quelques-unes dans les eaux thermales ou sur certaines substances exclusivement. Il
y en a même qui sont parasites sur les espèces vivaces, ou dont la vie se prolonge
assez long-temps. Un petit nombre vit hors de l'eau, mais dans les lieux où la
fraicheur est toujours accompagnée d'humidité. Les Algues qui ont une teinte
d'un vert herbacé, sont pour la plupart des *Ulves*, dont certaines espèces confervoïdes, ne se trouvant jamais qu'au niveau pour ainsi dire de la surface de
la mer, semblent tenir encore cette couleur de la végétation terrestre. Comme
l'influence de la lumière est une des conditions essentielles à la vie végétale, il
est probable que les Algues finissent par manquer dans l'Océan à ce degré ou
s'arrête la propagation des rayons solaires, c'est-à-dire entre deux et trois cents
mètres de profondeur.

rosa en Europe, etc. Cette particularité établit une analogie marquée entre ces Laminaires et les plantes Endo-
rhizes ou monocotylédonées.

CONSIDÉRATIONS GÉNÉRALES SUR LES ALGUES.

Les Algues forment ainsi que les Lichens, les Champignons, etc., une famille éminem
ment polytype. Si nous considérons en effet les végétaux dont elle se compose, pris dan
les extrêmes, nous n'y verrons aucune analogie; car il n'en existe point entre une Lami
naire et une Conjuguée ou toute autre conferve, entre un Nostoc et un Fucus ou bien un
Plocamiée : mais des genres intermédiaires, et une modification des espèces viennent réuni
plus ou moins manifestement ces séries disparates. Les Ulves, par exemple, lient, par un rétré
cissement graduel des subdivisions ou ramifications de leur fronde, les espèces épanouies e
larges membranes à celles qui ne présentent plus que des filaments confervoïdes : ces dernière
ensuite par leurs filaments tubuleux, dont la cavité est continue, se nuancent avec les Vau
chéries. D'un autre côté les frondes resserrées de divers Fucus Linnéens rapportés aux genre
Gigartina, *Sphœrococcus*, établissent un passage manifeste avec les Céramiaires cloisonnée
de couleur purpurescente ou rembrunie; nous remarquons même dans certaines Plocamiées
outre les affinités précédentes qui résultent seulement du port, les apparences d'un cloi
sonnement interne, qui caractérise non-seulement toutes les Céramiaires ou conferves ma
rines, mais encore toutes les espèces d'eau douce, dont on avait voulu faire bien à tort
une tribu distincte. Mais lorsque ces divers groupes n'offriraient pas entr'eux cette séri
d'affinités qui constituent les bonnes familles, il serait plus inconvenant de les isoler e
familles particulières.

Le mot ALGUES, établi par Linné, est, à mon avis, le plus convenable pour désigne
cet ensemble de végétaux, parce qu'ils ont tous une fraîcheur manifeste lorsqu'on le
touche, et que lorsqu'ils ne vivent pas sous les eaux, la fraîcheur ou l'humidité des lieu
qu'ils habitent est la première des conditions requises pour leur existence.

Si l'on isolait, à l'exemple de Lamouroux, les Algues marines inarticulées, sous le nor
de Thalassiophytes, nous reconnaîtrions l'inconvenance de ce mot en considérant l'ensembl
de cette section de végétaux, où se classent incontestablement nombre de Rivulaires (*Ulv
lubrica et affines auctorum*); le genre Vaucheria qui, excepté deux, ne contient que de
espèces d'eau douce; enfin le genre Ulva lui-même nous offre dans les ruisseaux éloigné
de la mer l'*Ulva intestinalis*. Les eaux douces et les eaux salées produisent en outre les es
pèces dont se compose le genre Conferva réduit à ses simples limites.

Le nom d'Hydrophytes lui-même ne peut pas plus être appliqué rigoureusement à ce
végétaux dans leur généralité, puisque diverses conferves sont terrestres et vivent seulemen
dans les lieux humides; que le plus grand nombre des Oscillatoires croît hors des eaux

de même que tous les Nostocs. C'est donc bien à tort que le professeur Lamouroux a dit dans le dictionnaire classique d'histoire naturelle, que probablement le nom d'Algue devait disparaître en botanique, puisque l'on disait maintenant (c'est-à-dire lui) « la famille des Hydrophytes ou Thalassiophytes, les Conferves, etc., et que le nom d'Algues ne devait plus être appliqué qu'à ces débris rejetés par la mer, roulés par les vagues et dont la bande variable indique la force des tempêtes et la hauteur croissante et décroissante des marées.» Mais cette restriction relative aux seules plantes marines devient inadmissible, dès que l'on considère l'ensemble des végétaux qui se rattachent incontestablement à cette famille.

Les Algues se divisent en espèces à texture interne continue et en articulées ou cloisonnées : ces dernières comprennent les Algues confervoïdes. La première série se compose des Fucacées, puis des Ordres qui les lient aux Ulvacées. Dans celle-ci se trouvent les Plocamions, composant un groupe très-remarquable par l'élégance des formes, et dont les espèces nous offrent aussi des cloisons ; mais s'oblitérant de bonne heure, ces cloisons ne sont plus distinctes qu'aux sommités, et disparaissent ensuite sur tout le reste du végétal : d'ailleurs il y a un faisceau central solide et continu dans leurs ramifications, d'où il s'ensuit que l'enveloppe corticale étant seule articulée, la cloison n'est qu'incomplète et non entière ainsi que dans les Algues confervoïdes. Les Sphœrococcus, Gigartina, Chorda, ont un port il est vrai encore plus confervoïde, mais ils ne sont que partiellement encore cloisonnés. Cette structure devient un des caractères qui lient ensemble les Algues articulées avec les inarticulées, et lorsqu'elle manque, comme dans les Bryopsis, les Vauchéries, les Ulves confervoïdes, la forme du végétal jointe à sa consistance, en nuançant la transition d'un tribu à l'autre, nécessitent de la manière la plus manifeste, la réunion des deux ordres en une seule famille.

Les Algues offrent les passages de la structure la plus simple à une organisation très-compliquée, qui cependant ne l'est jamais autant que dans les végétaux cotylédonés. C'est ainsi que nous voyons dans une Conjuguée toute la plante se réduire à un simple tube flottant librement sans racines, et composé d'une membrane unique très-mince dont la transparence nous montre l'uniformité de sa structure. Les Nostocs également libres ou arhizes, sont épars sur le sol où ils restent appliqués par leur poids seulement; mais la majorité des Algues vit fixée dans les eaux douces ou salées par une petite callosité qui leur tient lieu de racine. Les jets ou membranes des Algues sont d'une organisation plus ou moins compliquée, qui fournit des caractères très-distinctifs. Enfin nous rencontrons des espèces pourvues d'organes comparables à de véritables racines, mais ce n'est que dans le seul genre des Laminaria : ces végétaux qui sont les géants de la famille nous offrent dans l'espèce de tige dont ils sont pourvus, et que nous nommons Stipe , des formations ou couches concentriques, à la manière du tronc des arbres dicotylédonés. Mais cette disposition est exclusive pour cette série et n'est point un caractère général d'organisation dans les Algues pélagiennes, ainsi qu'on l'a annoncé dans un traité de physiologie végétale.

Les proportions et la consistance des Algues sont extrêmement variables : quelques espèces marines atteignent 5 et 6 mètres de longueur dans nos climats; d'autres dans les mers australes deviennent d'une grandeur qui va même jusqu'à l'état gigantesque : celles-ci sont douées d'une organisation robuste, tenace et comme cornée ou cartilagineuse, tandis que les autres sont molles et charnues, ou d'une flaccidité gélatineuse. Quelques espèces sont très-minces et comme papyracées : telles sont certaines Ulves, genre qui nous offre, ainsi que diverses Algues confervoïdes, une couleur verte herbacée qui n'existe plus dans les végétaux dont la fructification est moins caractérisée, tels que les Lichens et les Champignons.

Les Algues confervoïdes, qui constituent les plus petites espèces, se composent de filaments dont la structure n'est bien distincte qu'au microscope : les fortes loupes sont même insuffisantes pour leur étude. Ces plantes sont les êtres les plus simples du règne végétal; elles furent aussi probablement les premières productions organiques, car aussitôt que les eaux dont le globe terrestre était enveloppé dans les temps primitifs, ont été assez paisibles pour que la force végétale pût agir sur la matière, sans doute le premier végétal qui s'est formé, n'était autre chose qu'une Algue confervoïde. C'est en raison de cette simplicité de l'individu que nous nous abuserions en voulant lui supposer cette diversité d'appareils qui n'existe que chez les aérophytes cotylédonées, plantes où une composition moins homogène devait entraîner nécessairement une organisation plus compliquée. Des recherches certaines nous ont appris, quant aux Algues, que non-seulement les plus simplifiées, mais encore toutes les autres espèces de cette nombreuse famille, ne sont point douées d'organe sexuels. Cependant, comme la reproduction est le but de la nature, celles-ci les a douées de la faculté de produire des graines, sans le concours de cette sexualité générale dans tous les végétaux embryonnés, et leur semence se réduit en outre à de simples corpuscules, dont une partie se développe en tige ou fronde, tandis que l'autre devient l'extrémité radicale par laquelle le nouvel être se fixe sur les corps solides. Selon M. Turpin, ces corps propagateurs naissent par l'extension des parois intérieures, soit d'un tube lorsque les Algues se bornent à n'être que des filaments tubuleux, soit par celles des vésicules agglomérées qui forment la substance des frondes.

Ce nouveau mode de fructification vient établir une différence infinie entre les Algues et les autres plantes : étant aussi contraire à toutes les idées qui ont fait loi depuis l'adoption du système Linnéen, où les botanistes ne jugèrent toute la classe des végétaux que par les plantes sexifères, on se persuada que toute graine ne pouvait se former sans une fécondation préalable, et ce fut alors qu'on s'obstina à vouloir trouver des étamines et des pistils dans les Algues : mais des vues plus judicieuses, résultant de connaissances plus générales en histoire naturelle, nous ont fait faire justice d'une opinion si erronée. A l'aide de quelques connaissances en zoologie on appréciera à sa juste valeur ce système trop long-temps maintenu QUE TOUT DEVAIT ÊTRE SOUMIS EN BOTANIQUE A UNE MARCHE UNIFORME. En effet pour peu qu'on jette les yeux sur les derniers groupes de la classe des animaux, l'on sera convaincu que de pareilles opinions sont complètement erronées, et que chercher une floraison ou bien une sexualité quelconque dans les Algues c'est chercher une tête dans les Mollusques acéphales, des yeux et des oreilles chez les Méduses, chez les Astéries, enfin dans toute cette tribu d'êtres inférieurs, dont les caractères d'animalité deviennent si incertains, qu'on ne sait plus où fixer la limite précise qui doit séparer les deux séries de corps organisés.

La fructification des Algues très-variable dans sa forme renferme un mucilage qui l'éloigne de la nature solide des végétaux cotylédonés pour la rapprocher des œufs des animaux. Sans doute ce mucilage tient ici lieu d'albumen. Mais le défaut d'embryon distingue les fruits des Algues du mode de reproduction des deux grandes classes d'êtres organisés que nous venons de citer et confirme encore notre opinion qu'elle n'est point le produit d'une fécondation préalable.

La durée des Algues varie en raison de la solidité de leur texture : il en est qui vivent plusieurs années telles que diverses Fucacées, tandis que certains Dumontia, la plupart des Conferves, Rivulaires etc., n'existent que quelques mois, ou même quelques semaines.

C'est dans l'ordre des Fucacées que nous venons de citer, que se rencontrent ces Algues douées d'une croissance qui semble indéfinie : nous en avons l'exemple dans le Varec Pyri-fère dont la longueur est telle, qu'un de nos poètes a dit qu'elle égalait celle de trois Pins mis bout à bout. Nous remarquerons qu'un grand nombre d'Algues marines jouit de la faculté de supporter l'alternative de la sécheresse et de l'immersion, à laquelle les expose le flux et reflux : mais elles ne tarderaient cependant pas à périr si elles restaient plus long-temps exposées à l'influence de l'air atmosphérique. Cette classe de végétaux offre un caractère particulier et qui sert à la distinguer des champignons : tandis que ces derniers re-poussent l'eau pure en gouttelettes à leur superficie, n'aimant qu'une eau dénaturée, les Algues, au contraire, absorbent et se pénètrent avec avidité de l'eau la plus limpide, puis languissent et meurent dès qu'elle vient à se corrompre (1).

C'est parce que les Algues aquatiques ne sont pas susceptibles de rester long-temps privées de l'élément dans lequel elles ont pris naissance, qu'elles diffèrent aussi principalement

(1) C'est là le terme que la nature assigne à la vie de ces végétaux, et celui d'où résulte même un nouvel ordre d'êtres; car ces eaux vont alors se peupler d'animalcules diversifiés selon les circonstances.

des Lichens qui demandent tous, excepté quelques-uns seulement, le grand air pour se développer; mais il faut qu'il soit chargé d'humidité, autrement la plante se dessèche, devie
friable et paraît avoir perdu toute vitalité jusqu'à ce que l'humidité revienne : alors sa sub
stance reprend sa flexibilité primitive, ses couleurs se raniment, et enfin l'individu contin
de remplir ses fonctions vitales comme si elles n'eussent éprouvé aucune interruption.

La famille des Algues ne comprend à Terre-Neuve que vingt-six genres, parmi les espèc
inarticulées, et quinze pour les confervoïdes septifères, c'est-à-dire celles dont les filaments so
munis de cloisons internes. Mais je crois qu'on doit réunir encore à cette nombreuse sé
la Cristatelle ou éponge d'eau douce, reportée dans le règne animal par Linnée lui-mêm
depuis ses premières publications en botanique, quoiqu'elle ait tout l'extérieur d'une Algu
et qu'elle présente en outre toutes les conditions de la vie végétale. J'ai exposé à ce su
dans le cinquième volume des annales de la Société Linnéenne de Paris, les motifs qui 1
faisaient proposer ce rétablissement. Il doit être de même pour les Oscillatoires, productio
revendiquées par quelques auteurs pour le règne animal, mais qui appartiennent moins
la zoologie en raison du mouvement observé dans leurs filaments, qu'au domaine de
botanique par la somme de tous leurs caractères.

Les Algues étant soumises, à Terre-Neuve et aux îles Saint-Pierre et Miclon, aux i
fluences du climat, ainsi que le reste de la végétation, ne nous présentent guère que
espèces de la Zône froide, à l'exception de quelques-unes qui lui sont communes avec
côtes de l'Europe : la présence des premières dans les mers de France particulièrement, pe
nous porter à croire, ou qu'elles y sont descendues des hautes latitudes, ou bien qu'elles so
susceptibles d'y remonter. Mais ce qui m'a le plus frappé sous le climat américain, c'est de v
que les grandes thalassiophytes de l'ancien continent, à l'exception du *Laminaria bulbos*
restent bien inférieures aux proportions qu'elles atteignent autour des îles que j'ai visité

Si nous considérons cette largeur extraordinaire de la fronde de ces Laminaires, par rapp
aux autres plantes marines, nous verrons qu'elles se trouvent pour ces dernières ce que se
les arbres pour les espèces herbacées du pays. En comparant aussi les climats entr'eux, no
ne remarquerons pas sans surprise que ceux qui produisent les végétaux dont le feuillage
le plus menu, tels que les arbres résineux, les Éricinées, soient en même temps ceux
semblent fournir le plus abondamment ces Varecs gigantesques, dont la masse comp
une espèce de forêt sous-marine au fond de tous les golfes.

Entre les tropiques, c'est l'inverse qui a lieu, et toutes les Algues pélagiennes n'y sont p
que des productions médiocres par rapport aux espèces ligneuses des continents, à
arbres superbes, qui nous étonnent autant par l'élévation et la grosseur de leurs tro
que par la largeur de leur feuillage. Mais la scène change avec le climat, et dans la
gion polaire les grandes formes végétales se réfugient sous l'Océan, parce qu'elles y rencontr

seulement cette température uniforme et moins rigoureuse qui est la condition indispensable à l'extention des parties. Nous pouvons alors déduire de cette observation ce fait bien remarquable dans l'histoire des plantes que, LA OU DISPARAISSENT SUR LE GLOBE TERRESTRE LES GRANDES FORMES VÉGÉTALES, ELLES PASSENT SOUS LES EAUX.

Nous ne recueillons au reste que des données accidentelles sur ce luxe d'une végétation cachée pour nous, parce que c'est seulement lorsque ces Algues sont arrachées par le gros temps, des profondeurs qu'elles habitent, que nous pouvons statuer sur leurs proportions ; car à peine entrevoyons-nous leurs sommités dans les plus basses marées. Nous avons reconnu par la sonde, dans divers endroits, qu'elles n'avaient pas moins de 4 à 6 mètres de hauteur et souvent davantage.

Dès qu'on approche de Terre-Neuve et des îles voisines, même sans les avoir encore en vue, on rencontre ordinairement divers individus de notre *Laminaria longicruris* (sp. nov.), dont le stipe long de 2 ou 3 mètres et renflé se tient flottant sur l'Océan en raison de son vide intérieur, tandis que la partie supérieure de sa grande fronde, si élégamment festonnée dans toute sa longueur, s'enfonce sous les eaux en se recourbant en arc. C'est une plante affine du *Lam. saccharina* de nos mers d'Europe proprement dites, laquelle ne se montre ici nulle part. Dans la rade de l'île Saint-Pierre le *Lam. esculenta* de l'ancien continent est tellement aggrandi, qu'il se change en une nouvelle espèce ; je la nommai *Musæfolia*, comparant ses belles frondes aux feuilles du Bananier : chaque fois que je me promenais en bateau, j'aimais à voir la souplesse infinie avec laquelle cette Algue suivait la fluctuation des eaux.

Le *Fucus canaliculatus* manque dans ces contrées ; mais on voit à sa place, sur les parties qui confinent également vers le terme de la hauteur des marées ordinaires, une espèce boréale dont les proportions lui sont analogues, entièrement plane, plus mince et connue depuis long-temps sous le nom de *Fucus distichus*. Quelques rochers extérieurs nous offrent l'*Ulva umbilicalis* et ses variétés qui vivent comme chez nous à peu près au même degré d'élévation ; elles sont identiques avec notre espèce européenne : mais le *Fucus nodosus* se présente souvent dans des états fort particuliers ; il croît au fond du port de Saint-Pierre avec la variété *inflatus* du *Fucus spiralis* qui se tient confinée à son extrémité, vers le confluent des eaux douces, ainsi qu'en France. L'*Ulva lactuca* se trouve plus ou moins abondamment dans la région de cette plante.

L'absence des *Fucus loreus* et *serratus*, si abondants sous la même latitude autour de l'ancien continent, est ici un fait bien remarquable ; mais ces deux hydrophytes sont remplacées à Terre-Neuve par deux espèces congénères : l'une d'elles, ne se distinguant guère du *F. serratus* exclusif à l'Europe que par sa fronde entière en ses bords, m'a paru devoir être signalée sous le nom de *Fucus edentatus* ; j'ai donné à l'autre le nom de *F. Fuceci*, en témoignage

de ma reconnaissance envers M. Fuec, docteur-médecin et chirurgien-major des îles Sain
Pierre et Miclon; je ne l'ai observée à l'île Saint-Pierre que sur les rochers extérieurs, où ell
se tient au-dessous de l'abaissement de la demi-marée : ses tiges portent souvent en quar
tité l'*Isomenia palmata* (*Fucus palmatus*), identique avec notre espèce d'Europe. A
dessous de ces deux plantes paraît une de ces espèces désignées sous le nom de *Laminari
digitata*, laquelle constitue une variété bien remarquable par le peu de longueur de son stip

Dans le port de l'île Saint-Pierre, où les eaux sont plus paisibles et dont le fond e
rocailleux, la plage produit en quantité, dans quelques parties, une variété du *Scleros
polymorpha* que j'ai nommée *glomerata*, par ce que ses nombreuses frondes s'agglom
rent en masses denses, presque globuleuses. Ailleurs même ce rivage offre au printem
un aspect comme vineux, par l'abondance d'une Algue voisine de l'*Ulva contorta*, fl. fr.; c'e
notre *Sarcodea jubata*, dont tout le sol est jonché. A ces plantes se joint encore en quanti
l'*Isomenia palmata* qui est d'une couleur analogue; mais à cette couleur succède uue tein
brunâtre due à une autre hydrophyte plus robuste, tenace, composée d'une tige mun
d'une touffe de longs rameaux funiculaires très-grêles ou comme filiformes, qui est
Chordaria flagelliformis Lyngb., ou du moins une Algue très-voisine de celle-ci. Quelqu
Céramions peu différents des *C. axillare* et *rubrum* habitent çà et là au même niveau.

C'est environ depuis la région moyenne de la Zône des plantes précédentes que l'avan
dernière espèce, se multipliant de plus en plus, finit par s'emparer en quelque sorte
toute la partie qui reste seulement quelques instants à découvert, et d'où elle s'avan
encore au-dessous des plus basses eaux : elle vit avec cette belle Laminaire feuille-d
bananier, dont nous avons parlé ci-dessus ; mais il est extrêmement rare que la mer de
cende jusqu'à l'habitation même de cette plante si remarquable, qui est une des produ
tions propres aux régions boréales. Le *Laminaria caperata* n., plante nouvelle non e
core décrite, croît avec cette dernière, mais elle n'est pas aussi commune.

La région qui succède à ce degré où les yeux ne peuvent plus rien distinguer quand
mer est à son maximum d'abaissement, donne encore naissance à diverses Algues par
culières à ces climats, au nombre desquelles j'ai rencontré le *Delesseria cristata* et
autre, constituant peut-être seulement un état particulier du *D. sinuosa*. Je n'ai recuei
cette plante particulière au sol américain que rejetée à la côte, de même que le *D. sinuo*
sur l'ancien continent.

Parmi ces plantes arrachées du fond des eaux, abonde à l'équinoxe d'automne le *L
minaria agarum*, espèce bizarre par la multitude de trous dont sa surface est toute criblé
ordinairement la plante n'a qu'un pied et demi de longueur, mais elle atteint quelquef
presque le triple de ces proportions. Sa racine nous offre souvent comme parasite, le *F
cus plumosus* (Calopteris elegans n.) avec lequel elle habite quelquefois jusqu'à 200 pie

sous l'Océan. Divers pêcheurs m'ont rapporté que ces deux espèces croîssent dans ces lieux depuis 25 jusqu'à 35 et 40 brasses d'eau, et qu'ils aimaient surtout à trouver cette petite herbe rouge (*F. plumosus*), parce que c'était un fonds très-recherché par la morue et qui leur procurait toujours du poisson en quantité. Cette hydrophyte remplace dans ces contrées le *Fucus plocamium* Lin., dont je n'ai jamais observé même un seul débris. Les *Fucus aculeatus, plicatus, viridis,* sont aussi fréquemment déposés par les flots sur la plage.

Le port de Miclon, celui de Saint-Pierre et la baie Saint-Georges à Terre-Neuve produisent en outre le *Fucus filum.* J'ai également observé dans la partie nord de Terre-Neuve quelques Céramions remarquables, qui manquent aux îles que nous venons de nommer : ils végètent avec beaucoup de vigueur au fond du Hâvre-du-Croc, dans l'anse du mont Prospect ; ce fait m'a d'autant plus surpris en raison de leur délicatesse, que je n'ai vu ici à la place du *L. Musæfolia,* si grand à Saint-Pierre, que de chétifs individus du *L. Linearis* n. autour du rocher nommé le Cap-Vent, situé à l'entrée de la baie : mais cet état résulte sans doute d'une influence uniquement locale, puisque cette plante, par sa nature, est une Algue des pays septentrionaux.

Les eaux douces produisent aussi diverses conferves : parmi celles-ci nous signalerons une jolie batrachosperme, voisine du *B. vagum* ou *turfosum* d'Europe. Cette plante est fort commune à Terre-Neuve autour du bassin des eaux stagnantes, qui sont éparses à la superficie de ces marais spongieux dont tous les bas-fonds sont remplis. Un ruisseau de la partie nord de l'île Saint-Pierre m'a offert seul une autre congénère de l'espèce précédente, mais de couleur brunâtre, de taille médiocre et qui rentre dans cette série presque sans limites des variétés de la Batrachosperme moniliforme. En automne, on voit reparaître dans les ruisseaux de l'île Saint-Pierre une Fragillaire à filaments lustrés, très-abondante au printemps et dont on ne trouve plus de traces en été : les eaux vives ou stagnantes y donnent encore naissance à deux ou trois autres espèces dont une m'a semblé le *Conferva ericetorum.* On voit souvent auprès de cette dernière une jolie petite Cristatelle digitée, à ramifications grèles, couchées ou obliques, et qui se soudent entre elles par les points qui se trouvent en contact : elle s'aperçoit facilement au fond des eaux par sa couleur d'un beau vert.

Après les bourrasques qui suivent l'équinoxe de septembre, le rivage de divers golfes est souvent jonché par les espèces qui habitent les profondeurs de l'Océan : c'est alors que toutes les grandes Laminaires, l'Agar et son petit compagnon le *Calopteris elegans* (*Ptilota plumosa*) nous sont apportés par les eaux. Lorsque j'étais à Miclon, je remarquai, après un coup de vent très-violent qui eut lieu le 15 octobre 1820, que toute la côte de l'ouest que la mer venait de laisser à découvert en se retirant, était comme teinte de sang. Curieux de connaître la cause de ce fait extraordinaire, je m'assurai que cette couleur était uniquement due à l'énorme quantité de notre Caloptère que la tempête avait arrachée des rochers sous-

2.

marins. Tout le sol était couvert de cette plante au point de nous convaincre que, dans ce
tains parages, elle est aussi abondante au fond de l'Océan que l'herbe dans nos prairies. D
verses Laminaires se trouvaient également rejetées pêle-mêle avec cette Algue; mais ce qu'il
a de particulier, c'est que les flots avaient cessé à mi-marée de rapporter momentanéme
ces grandes espèces, pour entasser le *Calopteris* sur toute l'étendue de la plage qui était situ
entre deux cordons qu'elles formaient, l'un à la limite supérieure des eaux, et l'autre ve
l'inférieure.

Si nous voyons à l'équinoxe d'automne s'opérer au fond de l'Océan, une espèce de d
blayement simultané, comme nous pouvons en juger par la multitude de végétaux pélagie
qui se trouvent rejetés à la côte, c'est parce que cette époque est le terme de la vie d
espèces qui ont fructifié pendant la belle saison. La force vitale diminuant de plus
plus dans ces hydrophytes, leurs fluides internes devenus inertes détériorent graduelleme
la masse totale, et la tige perd ce degré de cohésion par lequel elle s'était fixée jusqu'alo
sur les rochers avec tant de solidité.

Mais je m'aperçus, dès le mois de décembre, que la vie végétale s'était ranimée au fo
des eaux, et déja les Laminaires croissaient de tous côtés, tandis que le sol était co
vert de neige, que le thermomètre marquait 10 et 15 degrés de froid, et que la mer
trouvait même recouverte d'une couche de glace partout où elle était peu agitée. Joncha
aussi la côte de l'île Saint-Pierre, la Caloptère remplissait en décembre et janvier to
les glaçons dont elle était bordée. Pourtant elle est devenue moins abondante en février
mars, époque ou l'élégant *Gelidium occidentale* n., encore mêlé à ses nombreux débr
couvrait la plage, à peu près aussi abondamment que l'autre espèce l'avait fait durant
trois ou quatre mois précédents. Aux marées de l'équinoxe du printemps, je vis divers
Laminaires continuer d'être rejetées aussi en grande quantité, et je calculai que sur
nombre, on pouvait statuer que le *L. Musæfolia* entrait environ pour les sept dixièm
parmi ces plantes, les trois autres dixièmes se composant des *L. longicruris* et *agaru*
Ce rapport fournit l'inverse de ce que j'avais observé en automne.

Ces deux équinoxes sont également funestes aux Algues pélagiennes, à cause des te
pêtes qui bouleversent ordinairement l'Océan à cette époque; et surtout de celles qui suive
l'équinoxe d'automne; car, outre toutes les espèces dont la végétation est révolue,
flots arrachent encore de leurs retraites la plupart des nouvelles, qui n'ont pas encore
quis une force suffisante pour résister à leur violence; aussi, devenues plus robustes
printemps, sont-elles moins nombreuses le long du rivage.

Pendant l'été, toutes les hydrophytes vivent assez paisiblement au fond de la mer :
elles en sont arrachées accidentellement, elles viennent se déposer sur le rivage avec
Ulves, les Céramiaires et toutes ces autres espèces estivales et délicates qui ont opéré

maturation de leurs graines. Au reste c'est l'époque, comme nous l'avons dit ci-dessus, où elles se séparent avec facilité des corps solides sur lesquels elles ont pris naissance.

Il ne nous reste plus maintenant qu'à jeter un coup-d'œil rapide sur l'ensemble de cette nombreuse famille. Quoiqu'elle n'ait point été pour moi l'objet d'une étude spéciale à Terre-Neuve, puisque je m'occupais en même temps de tout ce que comprend le domaine de l'histoire naturelle, je crois avoir néanmoins recueilli presque toutes les espèces qui existaient aux époques où je me suis transporté sur les divers points de cette île. Le résultat de trois années de recherches m'a procuré, pour la seule tribu des Algues inarticulées, 72 espèces et 28 variétés : elles se distribuent en 24 ou 26 genres qui appartiennent : 2 aux Fucacées; 5 aux Délessériées; 4 ou 5 aux Gigartinées; 3 aux Plocamiées; 5 aux Soléniées ou tubuleuses, soit funiculaires, soit confervoïdes; enfin 3 genres de Trémellinées et une Spongiaire, la Cristatelle, qui ne peut être, à mon avis, mieux placée que parmi les hydrophytes.

Dans le nombre de ces plantes, dont je vais exposer les caractères, la moitié environ se compose d'espèces nouvelles.

PREMIÈRE FAMILLE.

FUCACÉES. FUCACEÆ.

IER. GENRE.

LAMINAIRE. LAMINARIA.

Laminariæ, spec. Lam^r.; Agar.; Lyngb.; Bory S^t. V^t. : Fuci spec. Linn. : Ulvæ spec. De Cand., Fl. fr

CARACTÈRE GÉNÉRIQUE.

RACINE. Des crampons en forme de petites branches rameuses, dont le
extrémités se fixent avec beaucoup de tenacité sur les rochers et ne consistan
jamais en un simple empatement ou tubercule pelté.

TIGE. Un stipe rond, dur, flexible, plein, uniforme ou épaissi vers sa base
ou bien au contraire renflé et concave au-dessus de sa partie moyenne; très-rare
ment accompagné de pinnules ou folioles distiques.

FRONDE. Une expansion terminale ordinairement fructifère, plus ou moin
épaisse, souvent grande, oblongue, lancéolée ou comme linéaire, simple ou di
visée; quelquefois palmée, ayant ses lanières étroites et longuement acuminées
d'épaisseur variable, mais presque toujours d'une grande flexibilité; raremen
munie d'une nervure ou côte longitudinale.

FRUCTIFICATION de deux sortes : tantôt s'annonçant sous la forme de tache
irrégulières et éparses sur la fronde ou quelquefois sur des pinnules accessoires
et consistant en une réunion de graines microscopiques subcylindriques ou plutô
pyriformes-oblongues, toutes contigues, implantées verticalement sur le paren
chyme interne qu'elles recouvrent en formant de chaque côté de la fronde un

ouche superficielle très-finement grenue. Ce parenchyme dont la blancheur con-
raste avec la couleur de la couche extérieure se change en thalamus par le degré
d'épaisseur qu'il prend ici : il se compose d'un plexus de fibrilles lâchement anas-
omosées, sur lequel reposent les graines, et dans sa partie centrale d'une substance
cellulaire comme légèrement boursoufflée, entremêlée d'une matière grenue :

Tantôt innée simplement dans la substance du végétal, sans nul indice de sa
présence ; elle consiste alors en séminules globuleuses dont la masse interne est
opaque ; et le spermoderme est tantôt distinct par sa translucidité, ou tantôt
comme nul : quelquefois encore elles se trouvent comme encroutées d'une matière concrète un peu jaunâtre, finement granuleuse, peu diaphane et qui les
rassemble assez souvent deux à deux. Ce dernier mode existe quelquefois sur la
même plante avec la fructification en graines cylindracées.

VÉGÉTATION. Algues presque toujours d'une grandeur très-remarquable, à
fronde d'une texture cartilagineuse, quelquefois comme papyracée dans les espèces peu épaisses, lisse et uniforme à ses deux surfaces, ne portant que rarement
dans un âge avancé, sur quelques espèces, des appendices courts, aciculaires, qui
seraient peut-être un second mode de fructification, ex : Lam. esculenta (1) : chez
d'autres espèces j'ai remarqué qu'il se formait sur leur fronde, dans l'arrière-
saison, de petites fossettes dont l'intérieur se remplissait d'un mucilage granuleux et sans doute alors séminifère : ex. Lam. dermatodea n. Mais faute de microscope à Terre-Neuve, je n'ai pu m'assurer si ces grains étaient de véritables
semences. Dans tout l'hémisphère septentrional, on ne rencontre aucune espèce
à stipe divisé ou rameux : il est probable que les Laminaires chez lesquelles le stipe
acquiert beaucoup de force, jouissent d'une existence très-prolongée ; d'autres ne
sont que bisannuelles (L. esculenta) : enfin celles qui sont d'une consistance
un peu charnue, comme le L. bulbosa d'Europe, constituent sans doute des
plantes annuelles, malgré leurs grandes dimensions : mes propres observations
me le confirment en quelque sorte. Dans leur jeunesse, la fronde porte, chez la
plupart, des houppes sétacées qui deviennent caduques dans un âge plus avancé.

(1) J'ai trouvé un échantillon de cette Laminaire en France, à l'île d'Ouessant en 1817, dans l'état que je viens
signaler.

COULEUR. Le vert sombre ou olivâtre, se rembrunissant par la dessication jamais rouge ou tirant sur des nuances pourprées.

HABITATION. Les individus de quelques espèces remontent jusqu'à ce degr d'élévation où elles se trouvent un moment à découvert, au plus bas de l'eau, dan les grandes marées : mais c'est le point qu'on peut considérer comme la limit supérieure de ces grandes hydrophytes; aussi s'y trouvent-elles plus petites qu' l'endroit où elles sont perpétuellement submergées.

OBSERVATIONS SUR LES LAMINAIRES.

Les Laminaires sont les géants des hydrophytes : néanmoins il y a quelques espèces qu rentrent dans les proportions de certains *Ulva* ou de quelques grandes Floridées. Le stip de ces végétaux mérite surtout un examen particulier, en raison de sa structure qui nou présente souvent une grande analogie avec la tige des végétaux dicotylédonés; en effet renferme comme cette tige un axe médullaire, des couches concentriques fibreuses, ur écorce distincte avec son épiderme coloré, sous laquelle se trouve un suc propre, qu'o pourrait, sans trop d'invraisemblance, assimiler au cambium des végétaux ligneux.

Une particularité bien notable de ce stipe, chez diverses espèces, vient de son aminci sement successif qui détermine, à mesure qu'on remonte vers son sommet, la diminutio du nombre de ses couches concentriques : il en résulte qu'à son extrémité, c'est-à-dire l'origine de la fronde, ce stipe n'offre plus qu'une seule couche en dehors de l'axe médullair de même que le sommet des jeunes branches annuelles ne présente sur les arbres qu'un cerc ligneux : cependant la fronde se développe ici dès le principe du végétal.

Le passage du stipe à la fronde se fait par une dilatation précédée d'un aplatisseme plus ou moins remarquable au sommet du stipe. C'est dans l'axe central qu'il se prépa même de loin, car celui-ci perd sa rondeur et devient ellyptique, avant que la partie s périeure du stipe ait cessé d'être cylindrique. Cet axe central est la première substance q s'oblitère dans les vieux individus : les couches voisines se détériorent ensuite jusqu'aux s perficielles successivement, ce qui occasionne plus promptement la rupture du stipe; aus devient-il comme tubuleux dans toute la partie où l'axe est détruit. J'ai fait ces observatio sur la Laminaire arborescente ou phycodendron nob. D'autres fois le stipe se gonfle natur lement vers le milieu de sa longueur, et se trouve vide au centre : alors la partie accr quintuple ou davantage les proportions qu'elle offre à ses deux extrémités, du reste fo

enues ; c'est le caractère d'une des plus grandes espèces de ce genre que je ne connais
core qu'autour de Terre-Neuve (le L. Longicruris), où elle est commune : cette espèce
était pas connue des naturalistes avant mes voyages.

Mais cette forme végétale n'existe point dans l'Europe tempérée ; jamais je ne l'ai rencontrée
armi les nombreuses Laminaires que j'ai observées en France, le long de la côte de
Océan, où ces plantes n'ont que des stipes cylindriques, lorsqu'ils sont grêles, ou renflés gra-
uellement vers leur base lorsqu'ils s'épaississent. Ces derniers seuls nous offrent quatre parties
en caractérisées : 1° une écorce fort distincte, et sous celle-ci une ou deux séries de vais-
aux placés comme dans les couches corticales ; 2° un tissu cellulaire à aréoles fort petites
disposées par rayons, lequel tissu n'existe que dans la région inférieure, où il nous
résente des couches concentriques, de même que dans le tronc des végétaux ligneux ; 3° un
rps celluleux uniforme que nous nommerons, d'après sa position, couche anté - médul-
ire ; 4° la moëlle qui forme un axe central, entier sur quelques points, oblitéré et détruit
r d'autres, de manière à rendre le stipe comme tubulé : telles sont les substances solides
ont chacun d'eux se compose.

Quant aux liquides renfermés dans la masse interne du stipe, ses vaisseaux contiennent une
atière analogue au cambium ; dans la couche anté-médullaire, c'est une substance plus
ide et très-peu glutineuse ; la moëlle enfin ne semble imprégnée que d'un suc aqueux.

Dans la Laminaire bulbeuse, la base du stipe offre la singularité de donner inférieure-
ent à son bord, de chaque côté, une extension toute particulière, qui le force à se
plier en avant et en arrière successivement, de manière à former des plis festonnés, dont
ge ou certaines circonstances rendent souvent le nombre et l'entassement fort considé-
bles. Au lieu d'être rectiligne, comme chez ses congénères en général, ce stipe offre
ux ou quelquefois trois torsions sur lui-même. C'est un phénomène qui se retrouve sur
partie pinnulifère de la Laminaire comestible et sur l'axe de la fronde de l'Agar,
ns une grande quantité des individus de cette dernière espèce qu'on rencontre le long
la côte, vis-à-vis l'entrée du port de l'île Saint-Pierre.

Le stipe plane de la Laminaire bulbeuse n'est peut-être qu'une fronde contractée : il
t charnu comme les lanières de l'expansion terminale ; il fructifie seul sur les côtés
on les auteurs, et dépourvu d'axe central, il présente au lieu de celui-ci, une cloison
nsversale qui le partage en deux lames également épaisses. La tige réelle, qui s'obli-
e souvent, se réduit à un petit prolongement cylindrique, en forme de racine
dinairement divisée inférieurement, qui descend au travers du milieu de l'entre-deux des
s gonflés, situés dans la partie inférieure du végétal. Mais comme cette tige disparaît bientôt
os yeux par le prompt et grand accroissement des deux sacs, ce n'est que dans la première
nesse de la plante qu'elle est parfaitement caractérisée.

Tous ces stipes sont doués d'une force d'autant plus remarquable, qu'ils renferment

3

des fibres mêlées au parenchyme dont se compose le reste de leur substance; ces fibres de
viennent même si serrées, dans quelques espèces, que leur stipe acquiert pour ain
dire la consistance de la corne. La partie centrale étant celle qui contient le plus d
sucs aqueux, se trouve par conséquent détériorée la première, quand le végétal a remp
tous les périodes de son existence : mais malgré la présence de ces fluides, d'après laquel
nous serions tentés de regarder ce point comme le véritable centre de l'action végétale
l'on ne peut en conclure que ce soit par là même que s'opère leur développement, ain
que chez les plantes monocotylédonnées, parce que ces racines étant fixées sur un roche
n'en peuvent retirer aucuns sucs nourriciers : alors ceux dont le stipe se pénètre, ne vienne
que par l'absorption superficielle, c'est-à-dire par des pores corticaux, sans doute distinc
de ceux par lesquels se sécrète l'espèce de cambium ou le mucilage sucré.

Les crampons radicaux qui fixent les Laminaires aux rochers sous-marins, constitue
une masse de jets cylindriques, rameux, dont les branches ordinairement rayonnant
s'entrecroisent et se soudent assez souvent entre elles : j'ai observé que leurs nombreus
sommités entremêlées, s'accolaient bien fréquemment par une petite dilatation, analogue à c
empatement par lequel les extrémités s'appliquent sur le corps qui porte la plante, et pénètre
jusque dans ses moindres interstices. Si c'est un caillou, une coquille, ou bien quelques pierr
inégales, sur lesquels le végétal a pris naissance, ses racines branchues s'alongent de manièr
l'envelopper, afin d'établir la tige avec toute la solidité possible. Par là, les Laminair
peuvent résister à l'agitation des flots auxquels elles donnent beaucoup de prise par leu
grandes proportions.

Ces plantes rentrent ainsi dans le mode d'adhérence aux corps solides, propre à tout
les Algues basifixes, par la petite dilatation ou callosité qu'on remarque aux extrémités
leurs crampons simples ou rameux : alors la callosité, ou dilatation peltée, qui termi
certaines espèces médiocres, ne serait plus qu'une racine indivise.

Il est probable que ces plantes, comme la généralité de leurs coordinales, ne sont r
jetées à la côte que lorsqu'elles ont produit et muri leurs fructifications. Elles diffèrent d
autres végétaux doués d'une longue existence dans les espèces cotylédonnées, en ce q
ces dernières peuvent fructifier annuellement, tandis que les Laminaires n'ont vécu nomb
d'années que pour atteindre cet état adulte et fructifère qui devient le terme de leur v
Cette longue existence nous est démontrée chez elles, par les nombreuses couches conce
triques de certains stipes, par les grandes proportions de la plante entière et par la qua
tité de parasites, telles que les *Delesseria sinuosa, Chondrus Palmetta,* divers *Ploc
mium,* des Corallines etc., qui, comme les Usnées et autres Lichens, viennent couvrir
caducité des vieux arbres.

Je n'ai pas vu sans surprise, que le stipe des plus vieilles Laminaires bulbeuses n'ét
au contraire jamais chargé de ces parasites, non plus que les sacs par lesquels la plar

se cramponne aux rochers, tandis que ses congénères, parmi lesquelles elles vivent souvent entremêlées, s'en trouvent plus ou moins garnies. Doit-on supposer aux sucs de cette Laminaire une qualité particulière qui soit contraire à leur développement? ou bien une surface trop lisse pour fixer leurs séminules flottantes? Je regrette de n'avoir pu résoudre ces incertitudes. Une seule espèce parasite, se trouve cependant comme privilégiée sous ce rapport; c'est une hydrophyte confervoïde d'une couleur sombre, analogue à celle de la plante, qui me parut être le *Conferva tomentosa*, lequel vit aussi parasitement sur les *Fucus serratus* et autres espèces.

La fronde nous offre une texture quelquefois variable : elle se compose de chaque côté, d'une lame superficielle, formée d'une réunion de grains brunâtres, arrondis ou un peu anguleux, disposés par séries parallèles plus ou moins flexueuses, quelquefois peu distinctes ou se confondant entre elles; d'autres fois au contraire comme moniliformes, et dans lesquelles ces grains prennent une forme comme carrée, lorsqu'ils deviennent contigus : ces séries ordinairement longitudinales, sont transversales dans les Podoptères, c'est-à-dire le *Lam. esculenta* et ses affines. Tous ces grains se trouvent séparés par une petite ligne diaphane, ordinairement un peu plus large entre leurs séries qu'entre chacun d'eux. Mais dans les *Lam. digitata* des auteurs, ils ne forment plus des lignes aussi parallèles, et suivent même des directions variées : on les y voit encore associés deux à deux ou quatre à quatre. La fronde de ces dernières plantes ayant plus d'épaisseur que chez leurs coordinales, nous expose plus manifestement la couche de fibrilles hyalines et lâchement entrelacées qui existe au-dessous, et la lame produite au milieu de la fronde par un mucilage concret : mais cette lame centrale manque dans les espèces à fronde mince. Toute la substance interne contraste avec les deux couches superficielles, qui sont d'une teinte rembrunie plus ou moins olivâtre.

Dans les *Myriotrema* et affines, la fronde ne présente point ses grains disposés en séries moliniformes : ils sont associés d'une manière irrégulière, de forme anguleuse, et logés sans ordre dans un parenchyme cellulaire, lequel laisse aussi entre eux des espaces plus translucides que leur propre substance : mais ce n'est que dans la jeunesse seule de la plante, lorsque la fronde est mince et verte, qu'on peut distinguer sa texture.

La fronde nous offre à sa superficie, dans les *L. digitata*, des pores nombreux, ordinairement isolés, parfaitement circulaires; quelquefois ils sont géminés, assez ordinairement disposés par séries interrompues, et ne s'observent que sur les parties qui deviennent plus opaques en raison de la condensation du système interne. C'est par ces pores que s'échappe le mucilage qui remplit tous les vides de l'intérieur de la fronde : ce mucilage consiste en une substance homogène, diaphane, et très-glutineuse; en se desséchant elle devient bulleuse, par le dégagement de l'air qu'elle renfermait, de même que l'eau lorsqu'elle se change en glace informe.

3.

Ces végétaux vivent à diverses profondeurs dans l'Océan : sur nos côtes ils se tienn
vers le niveau, ou un peu au-dessous, de l'abaissement des eaux aux grandes marées
équinoxes, ex. : *Lam. phycodendron* ou *digitata, bulbosa, saccharina, albescens :* mais
mêmes espèces descendent néanmoins à de plus grandes profondeurs, comme nous le pro
l'accroissement de la plupart des individus du *Lam. phycodendron* surtout, que nous trouv
rejetés sur le rivage à l'équinoxe d'automne.

Je ne connais que par la sonde, la profondeur où se tient, autour de Terre-Neuve,
L. Agarum : les pêcheurs m'ont assuré qu'elle est ordinairement de 25 à 35 brasses ; et comme
Agar est toujours accompagné d'une petite plante rouge (*Fucus plumosus*), «c'est un bon fo
pour la morue, disent-ils, et nous sommes sûrs de faire bonne pêche. » Je ne l'ai jamais
en effet que rejetée à la côte, et presque toujours avec le *F. plumosus,* vivant entrem
parmi ses racines.

Quand les Laminaires restent exposées à l'action de l'atmosphère, elles se détério
plus ou moins vite en raison de la force de leur texture. La Laminaire bulbeuse, é
la plus charnue, entre la première en putréfaction : alors son tissu cellulaire gonflé fait r
pre son épiderme, lequel se relevant par le bord de toutes ses petites déchirures, se r
et ferait croire que la fronde est couverte de vermisseaux par myriades. La Lamin
blanchissante offre ensuite le second degré de délicatesse : si elle reste à l'air libre,
posée aux alternatives de l'action du soleil et de la pluie, bientôt elle devient blan
comme du parchemin ; elle se conserve ainsi long-temps sans se détériorer davantage.

La Laminaire Saccharine passe au brun comme roux, ainsi que le *L. digitata* ou *phycoa
dron* : les lanières rompues de ces deux espèces qu'on trouve dans les concavités rem
d'eau saumâtre, à la limite des grandes eaux, prennent une couleur brun rouge ou r
pourpré, très-analogue aux *Dumontia*. Ces débris devenus alors comme muqueux, peu
faire douter un moment s'ils n'appartiennent point au *Dumontia Dudresnayi* rejeté su
plage à la même époque ; mais en observant la nature de l'épiderme, son caractère pa
culier suffit pour faire reconnaître la plante. Ces quatre sortes d'altérations principales s
positives et constantes chez les espèces que je viens d'indiquer.

Dans les temps de disette, les habitants des régions polaires se nourrissent de certa
Laminaires ; ils en retirent une mane saccharine ou les recueillent comme fourrage pour
bétail : en France on ne les emploie le long de la côte qu'à faire du fumier. La Lamin
bulbeuse en donne d'excellent, que les cultivateurs recherchent soigneusement aux envir
de Brest ; mais à l'île d'Ouessant on a le singulier préjugé de croire qu'il fait croître b
coup de chardons dans les champs (1), et cette précieuse hydrophyte négligée par tou

(1) Cette Algue donnant au sol une fécondité extraordinaire, ces sortes de végétaux s'y propagent al
un tel point que les habitants ont cru qu'elle les faisait croître spontanément.

onde , pourrit le long du rivage. Le stipe de la Laminaire digitée était en vénération à
l'époque du Paganisme : les sorcières de l'Islande, de la Norwège et du nord de l'Écosse
s'en servaient pour exciter les chevaux marins, lorsqu'elles parcouraient la surface de l'Océan.
Les stipes longs et renflés inférieurément sont recherchés sur toute la côte de Bretagne parce
qu'ils sont un excellent combustible : c'est le Gros-bois des habitants peu fortunés, c'est-à-
dire celui qu'ils emploient pour faire la soupe ou pour chauffer le four, en ce qu'il donne une
chaleur très-vive sans faire beaucoup de fumée. On appelle ces stipes *Calcougnes* à l'île
de Sein, et *Melcarn* à celle d'Ouessant, où ils se vendent 12 francs la charretée. Mais ils
exigent un long espace de temps pour être en état de brûler, et il faut les laisser à cet
effet pendant quatre mois sur le rivage ou sur les rochers voisins, pour qu'ils puissent être
desséchés complètement. Pendant ce laps de temps ils se resserrent, se contournent et se
réduisent à moitié de leur grosseur naturelle; mais une fois mis au feu, pendant qu'ils
brûlent, le bout enflammé se renfle de nouveau, au point même de former une massue
à l'extrémité du stipe, dont le reste s'agite comme le ferait une corde à boyau en se dé-
tordant et se redressant, lorsque la chaleur la pénètre.

Quoique cet effet me semblât bien extraordinaire, j'ai vu encore avec plus d'étonnement
que la partie en charbon se dilatait de rechef en se gerçant longitudinalement, de manière à se trouver même divisée par des crevasses larges et profondes, ainsi que l'écorce
des rameaux du *Quercus suberosa*. La chaleur produite par cette plante durant la combustion, m'a paru proportionnellement plus vive que celle du bois de chêne et la cendre
qui en résulte est d'une blancheur et d'une finesse remarquables.

Je n'ai pas vu non plus sans surprise combien l'eau douce agissait sur les Laminaires.
Ayant laissé à diverses reprises quantité de ces plantes dans la cour et le jardin de la
maison que j'occupais à l'île de Sein, leur fronde se couvrait d'ampoules remplies
d'une eau limpide, lorsqu'il y avait eu de la rosée pendant la nuit, ou après la pluie.
Mais je crus remarquer que ces mêmes ampoules se développèrent plus promptement, sur
d'autres individus nouvellement recueillis, qui se trouvèrent exposés à une pluie d'orage
avec tonnerre. Enfin lorsque ces Algues restent trop long-temps plongées dans l'eau douce, elles
se changent en une substance muqueuse ou gélatineuse, plus ou moins compacte.

Les Laminaires sont des végétaux qui deviennent fort rares sous la Zône torride; encore grandes dans la région tempérée moyenne, leurs proportions vont toujours en décrois-
sant, de même que le nombre des espèces, à mesure que l'on s'avance sous un degré de
chaleur plus considérable : c'est un fait que nous pouvons remarquer sur les extrémités occiden-
tales de l'Europe, depuis les côtes de France et d'Angleterre, jusqu'à Gibraltar.
Il en est sans doute de même pour l'hémisphère austral, où ces plantes affectent une
physionomie différente. Au lieu de rester unifrondes sur un stipe simple, les espèces an-

tarctiques, si abondantes sur les pointes méridionales des trois continents, ont un tron
rameux, dont les subdivisions plus ou moins nombreuses et plus ou moins multifides, porten
de longues lanières. Ces Algues beaucoup plus grandes que leurs congénères des mers bo
réales, établissent le passage aux Varecs proprement dits, par le *Lessonia fucescens o
flavicans* qui parvient jusqu'à 8 et 10 mètres de longueur et dont le tronc atteint sou
vent l'épaisseur de la cuisse : les lanières de cette Algue gigantesque, se trouvant obscu
rément dentées en leurs bords, ont par ce caractère, de l'analogie avec les frondes de
Sargassum et celles du *Fucus serratus*, etc. Mais ces rapports sont plus manifestes che
les Macrocystes, lesquels outre leurs feuilles constamment dentées, nous offrent encore de
vésicules pareilles à celles de ces mêmes Sargasses et des *Fucus vesiculosus* et *no
dosus* de Linné. Néanmoins leurs racines rameuses et l'absence de conceptacles fructifère
les rattachent nécessairement aux Laminaires.

Nous ne pouvons voir sans surprise que la fructification des Laminaires ne soit en rappo
ni avec leur grande taille, ni avec les proportions du fruit propre aux autres Fucacées. Rie
ne se présentant extérieurement sous la forme de corps reproducteurs, on s'est vu réduit
considérer comme la propre graine de ces Algues, de simples corpuscules d'une petites
extrême, dont l'œil armé du microscope, nous a découvert l'existence en scrutant la textu
de la plante. Mais, outre que la germination ne nous a pas constaté que ces corpuscules fu
sent de véritables semences, nous devons avouer encore qu'ils ne nous offrent point ce deg
d'identité qu'on devrait rencontrer dans le fruit de végétaux presque semblables : i
sont ronds dans le *Lam. Agarum*, ainsi que dans une espèce de cette flore affine du *Lar
Saccharina*, tandis qu'ils sont au contraire oblonguement pyriformes dans le *Lam. Saccha
rina* et dans le *Lam. esculenta*, plante très-voisine du *Lam. Agarum :* en outre, l'on n
découvert jusqu'à présent aucun corps qu'on pût considérer comme reproducteur chez
Lam. digitata et les plantes analogues. La fructification est encore inconnue dans toutes l
espèces à racines en écusson, rapportées au genre Laminaire par Agardh.

Lorsque ces Hydrophytes se réduisaient à un très-petit nombre d'espèces, toutes fure
classées sous le nom générique de *Laminaria :* mais les voyages récents ayant enrichi cet
série d'une trentaine de végétaux appartenant ou rigoureusement à ce genre, ou seuleme
affines, Bory de Saint-Vincent en examinant leur ensemble, a reconnu bientôt la nécessi
d'ériger cette réunion polytype en une tribu particulière. Dans le cas où l'on jugerait que c
genres n'auraient point toute la validité requise, l'on ne doit pas perdre de vue que dans u
classe où l'organisation est simplifiée, des modifications ailleurs de peu d'importance, acqui
rent ici toute la valeur des caractères du premier ordre parmi les Phanérogames.

Nous présentons dans le tableau suivant, la manière dont nous concevons la classific
tion des Laminaires.

TRIBU DES FUCACÉES.

GROUPE DES LAMINARIÉES.

Texture solide, fucoïde : des racines rameuses; ou simples, mais multiples, sur une dilatation basiliaire du stipe : très-rarement un simple empatement radical en forme de disque : une tige simple ou divisée, ordinairement cylindrique, portant des frondes en lanières planes : des graines ou séminules invisibles, ne naissant jamais dans des fructifications en forme de conceptacles distincts du reste du végétal : couleur d'un vert olivatre ou un peu plus pâle, quelquefois rembrunie : plantes dont l'existence est souvent de très-longue durée.

	ORDRES.	SECTIONS.	CARACTÈRES DIAGNOSTIQUES.	GENRES ET LEUR TYPE.
LAMINARIÉES. lantes pélagiennes ourvues d'un....	Stipe restant presque touj. simple. UNIFRONDES. Végét. de l'hémisphère septentrional.	AMÉRISTES. Fronde indivise, c'est-à-dire jamais multifide longitudinalement........	Point de nervure longitudinale, ni de pinnules sur le stipe : séminules situées sur la partie moyenne de la fronde où elles forment des taches longitudinales : les bords de la fronde toujours munis de plis onduleux...........................	1° CIMAZONE, *Cimazone. n.* Lam. saccharina. Lam^x.
			Fronde criblée de trous, avec ou sans nervure longitudinale : stipe quelquefois rameux, toujours dépourvu de pinnules; tordu ainsi que ses divisions, quand la plante devient rameuse.....	2° MYRIOTRÈME, *Myriotrema. n.* Lam. agarum, Lam^x.
			Stipe avec une nervure longitudinale traversant la fronde. Des pinnules distiques portant les séminules; les déchirures de celles-ci toujours transversales et parallèles.......................	3° PODOPTÈRE, *Podopteris. n.* Lam. esculenta, Lam^x.
		POLYMALES. Stipe terminé par une fronde multifide...........	Substance charnue, néanmoins solide : stipe plat, dilaté inférieurement en une espèce de sac ou d'ampoule adhérente par de petits crampons simples.....................	4° SACCORHIZE, *Saccorhiza. n.* Lam. bulbosa, Lam^x.
			Substance très-solide, d'une nature presque cornée : racine à jets rameux : stipe cylindrique. Fructification incertaine : pores épars par où s'échappe un mucilage très-abondant....................	5° LAMINAIRE, *Laminaria.* Lam. digitata, auctorum.
	Stipe rameux : ses divisions dichotomes. CLADOGYNES. Végét. de l'hémisphère austral.	APHYSES. Plantes sans vésicules aérifères....	Fronde en lanières planes, bipartites par une déchirure longitudinale qui se pratique inférieurement jusqu'à leur origine, mais toujours indivises dans leur partie supérieure qui ne forme plus qu'une lanière unique : séminules éparses ou réunies en macules superficielles...............	6° LESSONIE, *Lessonia. Bor.* L. fucescens, Bory S^t. V^t.
			Fronde en lanières cylindracées, subulées, tubuleuses et dont la cavité est occupée par une moelle caverneuse : séminules dans des conceptacles en forme de vésicules superficielles, éparses, ouvertes par un pore......................	7° DURVILLÉE, *Durvillea. Bor.* D. utilis, Bory S^t. V^t.
		CYSTOPHORES. Plantes avec des vésicules aérifères..	Pétiole des frondes ou folioles développé en une grosse vessie aérifère : folioles indivises, alternes, solitaires sur chaque pétiole. Fructification inconnue...........................	8° MACROCYSTE, *Macrocystis. Ag.* M. pyrifera. Ag.

Nous passons graduellement du simple au composé, par l'ordre dans lequel nous dispos
ces sept genres, et nous retrouvons en outre la transition naturelle des Laminariées a
Fucacées, par les ampoules des Macrocystes avec les Fucacées vésiculeuses (1).

Les Laminariées restreintes à ces seuls genres, composent un groupe de végétaux asso
par une série d'analogies positives. C'est d'après ce principe que nous en éloignons
Iridées, parce qu'elles en diffèrent, 1° par leur racine calleuse et non ramifiée; 2° par
fructifications en tubercules, conformes à celles des Sphærococcus d'Agardh, et toujo
éparses comme elles sur la fronde; enfin par une couleur rosacée ou purpurescente, géné
dans les Délessériées et les Plocamiées. Les effets chatoyans qu'on observe sur les Iridées
leur sont point exclusifs : ils sont même fréquents sur certaines variétés du *Chondrus*
lymorphus Lamouroux. Bory de St.-Vincent sentant comme nous toute l'analogie qui ex
entre ces plantes, l'*Halymenia edulis* et quelques affines, a proposé de les réunir ensem
Mais s'il y avait à opérer une translation de ces espèces, je crois qu'il faudrait, d'aprè
dissimilitude que nous venons d'établir entre les Laminaires et les Iridées, rapporter
dernier genre aux Halyméniées, puisque les Iridées se rattachent à celles-ci par tous le
caractères. J'avais déja pensé en 1822, qu'on devait isoler des Délessériées proprement di
le *Fucus edulis* Lin., en raison de sa texture filamenteuse; et rapprochant celui-ci
Dumontia de Lamouroux, auxquels j'associais les *Gigartina* charnus du même auteur,
avais alors composé la tribu des Dumontiées, que je crois devoir être maintenue.

Dans la région septentrionale, les Laminaires d'Europe et de Terre-Neuve ont t
jours une fronde solitaire sur un stipe sans divisions. Cependant Linné nous rapp
qu'il n'est pas rare de trouver en Laponie, le *Fucus Saccharinus* (*Lam. Sacchari*
portant deux et même trois feuilles parallèles au sommet de sa tige. Ce fait, dont je
connais encore aucun exemple pour cette plante sous nos latitudes, décèlerait dans
végétaux quelque tendance à devenir rameux comme ceux de l'autre hémisphère. Étai
l'île de Sein, située à l'extrémité occidentale de la Basse-Bretagne, j'ai aussi rencontré
de ces espèces confondues avec le *L. Digitata*, dont le stipe se divisait au-dessous d
partie moyenne en deux autres nouveaux, terminés chacun par la fronde propre à c
espèce : les Bas-Bretons nomment cette plante en Celtique *Fouetoutrac*, c'est-à-dire, go
mon à fouets, en raison de sa tige flagelliforme.

(1) Quant à notre genre *Myriotrème*, il avait été déja proposé par Bory de St.-Vince
mais nous n'avons pas cru devoir admettre cette désignation, parce que toutes les esp
n'eussent alors semblé que des variétés du *L. Agarum*, Lam[x]. Nous avons aussi rejeté l'aut
que Bory de S.-Vincent a substitué depuis au nom d'*Agarum*, comme ayant la priorit
ne signifie que la mesure d'une brasse et que ne pouvant être francisé que par le m
homonyme de nature à motiver son exclusion de la nomenclature des végétaux.

Malgré l'étude particulière que j'ai faite de ce beau genre d'hydrophytes, je n'ai pu reconnaître comme bien certaines à Terre-Neuve et aux îles voisines que les dix espèces suivantes, dont deux offrent chacune une variété.

ESPÈCES.

1° *FRONDE MUNIE D'UNE COTE LONGITUDINALE.* **NEUROPHORE.**

1° LAMINAIRE AGAR.   LAMINARIA AGARUM. [Pl. 1.]

L. stipite cylindrico brevi, æquali, frondis costam validam planam, vulgo spiraliter contortam, constituente : fronde undique cribrosa, basi cordata, conceptaculis sparsis, minutis, pustulatis, poro dehiscentibus.

L. *agarum* Lam*, Ess. Thalass., p. 22; Dlp. herb. Terræ-Novæ, Musæi Paris 1817; ejusd. Annal sc. nat., v. 4, p. 177, t. 9, f. H (1); Lyngb. Hydr., p. 24; Ag. Syn., p. 17; ejusd. Spec. Alg., p. 109; Fucus *agarum*, Gmel., Fuc., p. 210, t. 32; Turn., Hist., t. 75; Fl. Dan., 1542 : Neurophora *agarum*; Dlp. herb.

Cette singulière plante particulière à la zône glaciale paraît croître autour de toute l'île de Terre-Neuve et de celles qui l'avoisinent : on ne la rencontre jamais que rejetée le long de la plage, surtout à la limite des plus hautes marées. L'ayant vainement recherchée sur les rochers inférieurs, qui se découvrent à peine un instant au plus bas des eaux, je crois volontiers qu'elle n'habite que les profondeurs de l'Océan, par 25 et 30 brasses (125 à 150 pieds), ainsi que me l'ont assuré les pêcheurs. C'est aux marées de lune et particulièrement après les tempêtes, qu'on la trouve le plus abondamment, parce qu'elle ne peut être déracinée que par une agitation violente, ou bien par la rapidité des courants, laquelle augmente en raison de la force des marées.

La petite quantité de cette hydrophyte que j'ai observée sur le littoral de l'extrémité nord de Terre-Neuve, me fait présumer qu'elle est moins commune dans ces parages, qu'autour de la côte méridionale. Ayant remarqué en outre que tous les échantillons de cette Laminaire, rejetés par la mer sur la plage occidentale de l'île Miclon, étaient moins contournés en spirale que ceux de la rade Saint-Pierre, il paraîtrait que cette plante, lorsqu'elle croît au large, s'y développerait mieux qu'auprès de la côte, où le mouvement des eaux occasionnerait peut-être les modifications qu'elle m'a présentées dans cette dernière localité.

(1) Icon mala foraminibus pravè obscuratis, frondique aspectum scorbiculatum potiusquam perforatum præbentibus : pictoris lithographici error.

Cette Laminaire se fixe sur les rochers par des racines un peu menues mais nombreuses qui sont entassées et ramifiées par dichotomies, dont les derniers jets sont fort grêles. Lors que plusieurs individus naissent réunis ensemble, ce qui est assez fréquent, leurs racine agglomérées finissent par se souder en une masse compacte, en élargissant leur somme qui forme un crampon terminal. Le stipe n'excède point ici 1 décimètre ½ de longueur et souvent reste plus court; il est gros d'un centimètre, cylindrique, brunâtre, égal dans tout sa longueur et d'une solidité presque ligneuse : il se resserre un peu vers la fronde pour s dilater ensuite au milieu de celle-ci en une côte longitudinale, qui est large de 2 centimètres épaisse, plane, lisse et luisante dans l'état frais, contournée ordinairement en spirale e parsemée de stries longitudinales assez légères: jamais elle n'émet de nervures latérales.

La fronde, d'après un grand nombre d'individus, ne me paraît pas atteindre plus de décimètres de longueur totale, sur 3 de largeur; elle est mince, diaphane, d'un brun olivâtre sans doute très-longuement lancéolée étant entière, un peu crénelée en ses bords, vers lesquel les trous diminuent de grandeur : comme sa partie supérieure, est toujours lacérée et détruit par la mer, il ne reste ordinairement que 3 décimètres au plus de cette fronde, qui se trouv comme multipliée par les divers plis qu'elle forme souvent en ses bords, et par les torsions d sa côte centrale. Nulle plante n'a ses surfaces plus inégales : celles-ci n'offrent de toutes par que de petites fossettes excavées d'un côté, saillantes de l'autre, et dont la convexité bientô détruite, forme un trou arrondi de grandeur variable; c'est ainsi que la feuille se trouve tou criblée. Étant sèche, elle devient coriace et fragile, surtout lorsque le soleil l'a promptemen desséchée, et dans cet état, elle passe au brun-rouge comme la plupart des varecs. L conceptacles consistent en pustules fort petites, ouvertes par un pore, éparses et qu'o cesse ordinairement de rencontrer vers les bords de la fronde : celle-ci est en outre mun selon les auteurs, de petites graines arrondies, brunâtres, ramassées en taches circulaires qu'on voit éparses à sa superficie.

La côte centrale de cette plante a beaucoup d'affinité par sa consistance très-ferme, ave celle du *Lam. Esculenta ;* il en est de même de la nature de la fronde, quoique dans l'Aga elle offre plus de rigidité. Cette côte reste ensuite longuement dénudée et se trouve presqu toujours elle-même rompue à son sommet.

Malgré son état coriace, l'Agar se corrompt bien promptement, lorsqu'il se trouve e contact avec le Fucus viridis (Desmarestia viridis Lam[r].); lorsque, par le contact de l'a atmosphérique, la couleur d'un brun tirant sur le fauve de celui-ci s'est changée en vert-d gris. Cette détérioration de la fronde de l'Agar est d'autant plus remarquable, que le Calo teris elegans n. (Ptilota plumosa), dont la substance paraîtrait au contraire beaucoup plus délicate, se conservait parfaitement intact, quoique entortillé et enveloppé de toutes parts avec la Desmarestia, ou déposé dans l'eau douce où j'avais mis des individus entiers de cette dernière plante.

EXPLICATION DES FIGURES.

Fig. A. Elle représente la plante entière.

Fig. B. Une portion de sa fronde vue au microscope. Cette fronde ne nous offre point comme celle du *Lam. Musæfolia* et affines les séries moniliformes des grains arrondis : elle se compose d'une agglomération irrégulière de petits grains anguleux, logés sans ordre dans un parenchyme cellulaire, et qui laissent entre eux des espaces plus translucides que leur propre substance. Ce n'est que dans la jeunesse seule, lorsque la fronde est encore mince et verte, qu'on peut facilement connaître sa texture. Dans cet état, ses grains sont de forme carrée, quelquefois irréguliers avec des angles plus ou moins arrondis : ils sont de couleur verdâtre, souvent comme grenus et alors plus opaques. Le mucilage concret qui les renferme est au contraire complètement incolore. Dans un âge avancé, la fronde devient peu diaphane et son parenchyme, qui s'est épaissi, ne présente plus sur le bord des déchirures que des masses grenues, où les grains se sont déformés en se condensant dans sa substance : c'est là seulement qu'on peut bien distinguer la texture interne. Ces parties finissent par devenir d'un brun roux et coriaces.

Fig. C. Un fragment de la côte longitudinale vu également au microscope. Cette côte renferme, sous son écorce ridée et rembrunie dans l'état de dessication, un parenchyme cellulaire, souvent comme un peu grenu, blanc, d'une texture lâche, irrégulière, dont les cavités sont entièrement vides. La partie centrale nous présente pour axe, une ligne transversale parallèle aux deux surfaces, où la matière se trouve seulement un peu plus condensée. Je n'ai rencontré nulle part rien d'analogue à des séminules.

Obs. Je présume que Gmelin s'est mépris en attribuant un bord denté à la fronde de cette plante : les nombreux échantillons que j'ai observés me l'ont tous présenté fort entier, mais cependant lobé assez sensiblement, d'une manière très-vague. Si, dans l'état de dessication, il paraît comme légèrement crénelé, ou même denticulé, ceci n'a lieu que par l'effet des petits plis marginaux. Serait-ce la cause de l'erreur de Gmelin ?

Vᴀʀ. β   AGAR ASIATIQUE.   AGARUM ASIATICUM.

A. Fronde minori, ellyptica, parciùs undulata, foraminibus plerùmque sul
æqualibus cribrosa, supernè lacera, basi non cordata, in stipite æquali, val‹
brevi : costa longitudinali plana parum crassa.

Cette variété a été envoyée du Kamtschatka : elle fait partie de la collection de Bory ‹
Saint-Vincent.

Quoiqu'elle ne me semble qu'une modification de l'état ordinaire du L. agarum, e'
s'en distingue néanmoins par une fronde ovale et non en cœur à sa base : longue seu'
ment de 2 décimètres, sur 1 décimètre de largeur dans sa partie moyenne : en outre, elle ‹
plus petite, et ses bords se relèvent moins que dans celle-ci en plis ondulés. Les trous so
arrondis ou un peu ovales, généralement d'une grandeur assez uniforme sur les divers poir
qu'ils occupent, au lieu d'être entremêlés grands et petits. La côte centrale est médiocr
peu saillante, large environ de 4 millimètres. Le stipe est fort court, cylindrique, lo‹
de 25 millimètres au plus, et n'a que 2 millimètres de grosseur ou à peine davantag‹
cette plante pourrait être considérée comme espèce, si sa forme était constante.

2° LAMINAIRE DE BORY Sᵗ-Vᵗ.   LAMINARIA BORYI. [Pl. 2.]

L. Fronde cordata membranacea, subsymetricè cribrosa, foraminibus egreg‹
circularibus, dimorphis, majoribus cum multo minoribus interpositis; cos‹
non plana sed tereti-compressa, valde gracili : stipite gracili basi incrassato.

Planta apud auctores cum L. *Agaro* consociata.

Je me fais un devoir de prouver ma juste reconnaissance au célèbre Bory de St.-Vi‹
cent, qui m'a communiqué si obligeamment ses belles collections, en imposant son nom à c‹
plante remarquable qu'il a reçue de Lamouroux, comme venant de l'île de Terre-Neu‹
et qu'il conservait innominée. Étant fort distincte de l'Agar ordinaire de cette contrée, ‹
tant par sa côte longitudinale fort mince et presque cylindrique, que par la régularité
l'espèce de symétrie des trous dont sa fronde est criblée, elle me paraît mériter d'être c‹
sidérée comme une espèce particulière.

Sa fronde, un peu plus mince que dans l'état ordinaire du *L. agarum* des îles Saint-Pierre et Miclon, est cordiforme à sa base, longue de 4 à 5 décimètres, large de 3 environ dans sa partie inférieure, déchirée dans sa partie supérieure, et vaguement ondulée en ses bords qui sont entiers : sa superficie est assez uniformement plane, excepté près du sommet du stipe, où elle devient froncée par de petits plis. Elle est d'une teinte comme olivâtre, ou plutôt tirant sur la couleur terre-d'ombre, et se trouve criblée d'une manière presque symétrique par des trous de deux grandeurs différentes, mais tous d'une forme exactement ronde : ce qui n'est pas moins extraordinaire encore, c'est qu'ils conservent d'une manière presque constante l'égalité de leurs dimensions. Les trous principaux ont 4 à 5 millimètres de largeur, tandis que les petits n'en ont que 2 : ceux-ci sont répartis entre les précédents. La côte centrale, longue à peine de 3 millimètres, est aussi fort remarquable non-seulement par un état si grêle, mais encore par sa forme convexe, à peu près demi-cylindrique, et qui reste telle en conservant ses proportions, jusqu'à l'extrémité supérieure de la fronde. C'est la seule plante de ce type qui me soit connue, dans laquelle j'aie rencontré cette conformation de la côte jointe à ces petites dimensions en largeur, qui la réduisent tout au plus au quart de celles qu'elle offre ordinairement autour de Terre-Neuve. Le stipe est également plus grêle que de coutume, cylindrique, long de 9 à 10 centimètres environ sur 3 millimètres au plus de grosseur transversalement dans sa partie supérieure; mais il devient bien manifestement plus épais vers sa base, où il atteint le double de ces dimensions. Les racines qui le terminent n'offrent rien de particulier.

Sa texture offre par la transparence au microscope, sur un fond comme grenu, qui est plus diaphane, des séries de grains comme irrégulièrement anastomosées.

3° LAMINAIRE DE LA PYLAIE.   LAMINARIA PYLAII. [Pl. 3.]

L. Fronde lata abbreviato-subellyptica, membranacea, ad ambitum plicis magnis undulata; pinnis numerosis valdè ampliatis, frondisque naturæ similibus, margine undulatis, per-approximato confertis.

AGARUM *Pylaii*, Bory de St-Vt, Dict. class. d'Hist. Nat., v. 10, p. 194 : LAMINARIA, *megalopteris*, Dlp. mss.

Cette Laminaire a des caractères bien distincts qui nécessitent son établissement comme espèce particulière : le seul échantillon que j'ai rapporté de Terre-Neuve méritait d'être placé

dans la belle collection de Bory de Saint-Vincent, dont il fait actuellement partie. Ce célèbr
naturaliste a voulu ajouter un nouveau titre à ma reconnaissance en substituant au nom d
L. megalopteris, sous lequel il se trouvait désigné, celui du naturaliste voyageur qui en avai
fait la découverte.

La fronde de cette espèce est très-ample, analogue par sa couleur d'un vert olivâtre, ain,
que par son état mince et membraneux, à celle L. Musæfolia; mais elle s'en distingue comm
de toutes ses autres congénères, parce qu'au lieu d'être alongée, elle se trouve par so
mode de destruction, ovale et même presque arrondie, ce qui devient un caractère très-remai
quable: elle est large de 3 décimètres et se dilate en grands plis marginaux fort rapproché

Ce qui caractérise encore la plante d'une manière plus particulière, ce sont les pinnules c
son stipe, qui sont semblables à la fronde par leur peu d'épaisseur, et dont l'extensic
en largeur va même jusqu'à 8 et 10 centimètres. Ces pinnules sont longues de 2 décimètre
fort minces ou membraneuses, parsemées de petites houppes confervoïdes de la couleur d
la fronde, et relevées aussi à leur circonférence en divers plis onduleux: elles se trouve:
extrêmement rapprochées et entassées dans la partie supérieure du stipe, où elles surpasse:
de chaque côté le nombre de 12, qui est assez fréquent chez ces végétaux.

Le stipe fort court n'a que 5 millimètres de longueur: il est cylindrique, d'une grosse:
remarquable, ayant 6 centimètres transversalement, et terminé par des racines analogu
à celles des autres espèces. La côte qu'il forme en traversant longitudinalement la fronde, e
plate, large d'un centimètre, et se trouve rompue à son sommet comme chez ses congénère:

EXPLICATION DES FIGURES.

Fig. A. Elle représente la plante entière.

Fig. B. Fragment de la fronde dans sa partie moyenne. Sa couche superficielle ne présente partout q
des grains disposés en séries flexueuses, confondues ou comme entremêlées, en général contigues, et de
certaines portions se trouvent un peu plus opaques que les parties environnantes. Parmi ces grains,
uns sont comme carrés, ou bien un peu alongés, d'autres irrégulièrement arrondis ou plus rarement c
primés, et comme ils varient encore dans leur degré de translucidité, la superficie de la fronde prése
au premier abord un aspect en quelque sorte graveleux. Ces grains ne laissent entre eux, dans les séri
qu'une ligne diaphane extrêmement déliée, qui les empêche d'être contigus: quelquefois même celle-ci
presque nulle. Ils reposent sur une couche de fibrilles très-grêles, lâchement entremêlées sans symétrie,
dont les extrémités m'ont paru un peu capitées.

Fig. C. Fragment des pinnules sans fructifications. Je n'ai plus rencontré sur celles-ci nulle part, les gra
disposés par séries flexueuses; mais toute la superficie offre seulement, au lieu de celles-ci, des portions

lignes dirigées fort irrégulièrement, parmi lesquelles j'ai cru remarquer une disposition comme anastomosée, quoique fort peu distincte. Les autres grains qui occupent les espaces situés entre ces courtes séries sont ordinairement plus diaphanes, c'est-à-dire d'un jaune verdâtre fort pâle, tirant sur le fauve. J'ai été fort surpris de retrouver cette texture confuse sur un fragment extrait de la partie supérieure de la fronde.

Fig. D. Ce sont les graines de cette Laminaire : elles se trouvent les unes isolées et les autres placées sur la portion fructifère de la pinnule où elles ont pris naissance. Ces graines sont oblongues, amincies en pointe à leur base, cylindracées, obtuses à leur sommet, lequel se trouve tantôt un peu resserré, ou tantôt légèrement dilaté en massue, ce qui est beaucoup plus rare. Elles varient aussi sous le rapport de leur transparence, étant plus ou moins remplies d'une matière par petits grains, qui constitueraient des sporules si leur enveloppe cylindracée était un spermoderme.

4° LAMIN. FEUILLE DE BANANIER LAMIN. MUSÆ FOLIA. [Pl. 4.]

L. stipite tereti, sursùm compresso, parùmque dilatato, sæpiùs subspiraliter contorto, pinnis distichis gradatim caducis, breviter petiolatis elongato-sublinearibus vel sursùm paulò latioribus, frequenter obsoletè falcatis : fronde lata, tenui, ellyptico-peroblonga utrinque plicato-undulata; nervo plano, ad basim contractiusculo.

L. *Musæfolia*, Dlp., Herb. Terræ-Novæ, Musæi, Par. 1817 : FUCUS scoticus *latissimus*, edulis, dulcis, Raj. Syn., p. 46, n° 5o : FUCUS *esculentus*, Lightf., FL scot. 2, p. 938, t. 28; Lyngb., hydr. Dan., p. 23, ex descript. optimè convenit : L. *esculenta*, var. ptalyphylla, Dlp. annal. sc. nat. 1825, p. 179, t. 9, f. D. NEUROPHORA *Musæfolia*, Dlp., Herb. Mss.

Cette hydrophyte abonde dans toute la rade de Saint-Pierre, où elle croît à quelques pieds au-dessus du niveau des marées de lune : elle n'est à découvert qu'à celles des équinoxes, ou bien lorsque l'eau vient à s'abaisser plus que de coutume, par la direction ou la force extraordinaire du vent.

L'on distingue sur-le-champ cette espèce remarquable de celle qui suit, à sa fronde ovale-lancéolée, élégamment ondulée par des plis marginaux, plus mince quoique trois ou quatre fois au moins plus large, et par la forme assez différente des pinnules de son stipe. Mais les Algues pélagiennes étant sujettes à tant de modifications, j'aurais hésité à la considérer comme une espèce différente, si la plante presque naissante n'avait déja la forme caractéristique qu'elle conserve ensuite pendant le reste de sa durée.

Dès sa première jeunesse, cette belle Laminaire nous offre une fronde ovale-lancéolée, et non pas linéaire comme dans celle qui va suivre. Son stipe grêle, cylindrique, est

d'abord court et très-menu : les années suivantes, quand il a pris tout son accroisseme
sa longueur varie de 2 jusqu'à 3 décimètres et demi, et dans ces proportions la m
des racines atteint un peu plus de 6 centimètres de largeur.

Ces racines consistent en jets fort nombreux, arrondis, épais, rameux et tous de mê
longueur environ, lesquels divergent autour de la base de la tige et se cramponn
très-fortement au rocher par l'extrémité de leurs ramifications. Le stipe est cylindri
inférieurement, gros d'un centimètre, rembruni et un peu rude; ensuite il s'applatit
peu et se tord en spirale, devenant garni de chaque côté, de pinnules en forme de
nières très-étalées, planes, de longueur inégale, larges de 2 à 5 centimètres sur un
cimètre à deux de longueur. Ces pinnules sont très-ordinairement un peu arquées sur
plan de haut en bas, rétrécies inférieurement; et presque toujours inclinées par leur
trémité supérieure; elles ne forment qu'une seule série de chaque côté, et se touc
presque toutes par leur base. Le stipe ne s'accroît qu'au-dessus de l'espace qu'elles occup
les inférieures tombent successivement, et de nouvelles se développent au-dessus des s
rieures. Les principaux échantillons en portent ordinairement 10 à 12 environ de ch
côté, dont les 6 inférieures sont les seules fructifères. La partie de celles-ci où se dévelop
les séminules est fort épaissie et colorée d'un brun roussâtre, qui recouvre uniformémen
deux tiers de leur longueur : au delà du point où finit cet épaississement, en même te
que cette couleur, l'extrémité se trouve d'un vert olivâtre et aussi mince que le bas d
fronde. L'on dirait, par la manière dont l'opacité et la couleur brune s'arrêtent en s'ar
dissant, que le bout de la pinnule serait un nouvel accroissement, surmontant une pin
de l'année précédante.

La fronde commence immédiatement au-dessus des pinnules supérieures. Le stipe, q
ensuite former la côte moyenne, s'est aminci et retréci en restant toujours plane; i
plus alors que 7 à 8 millimètres de largeur, mais il se dilate derechef et atteint sa large
bas de la plante, c'est-à-dire à 1 centimètre environ. Cette côte est fort lisse, épaisse de pl
3 millimètres, arrondie latéralement, partout d'une égale épaisseur et située au c
d'une belle expansion, solide quoique fort mince, diaphane, et dont la forme oblo
ment ovale se trouve assez semblable aux feuilles du Bananier. Elle est large d'un décir
et demi à 2 décimètres, élégamment munie en ses bords de plis en forme d'ondula
plus ou moins remarquables, qui suivent une direction ordinairement ascendante lorsq
plante est desséchée. Le sommet de la fronde se détruit successivement de haut en bas
déchirant en lanières transversales, ordinairement linéaires, inégales et qui donnent à

partie un aspect comme pinné. Ces mutilations finissent par être successivement emportées par les eaux, de sorte que l'extrémité de la côte se trouvant nue, ressemble à une queue terminale; et comme la fronde continue de se lacérer ainsi jusqu'à son origine, il ne reste souvent vers l'automne que cette côte et le stipe, avec les plus récentes de ses pinnules supérieures. Les inférieures qui ont porté les fruits, tombent sans doute graduellement lorsque la maturation est révolue, et c'est pour ce motif qu'on trouve les vieux stipes comme denticulés par la saillie que forme le point d'insertion du pétiole de chacune des pinnules. La longueur de cet espace, denudé complètement sur nombre d'individus que j'ai observés, me porte à croire que cette Laminaire serait ici plus que bisannuelle.

Développement graduel de cette espèce.

Les jeunes individus de cette hydrophyte que j'ai recueillis au mois de mars, se réduisaient à une feuille lancéolée ou seulement ovale, très-mince, longue d'un décimètre environ, sur 4 centimètres et demi de largeur dans l'état ovale, resserrée en pointe à ses extrémités, ondulée en ses bords, et déja parsemée des petites houpes de sétules confervoïdes; sa couleur est alors d'un beau vert-pomme tirant un peu sur l'olivâtre. La fronde est alors extrêmement mince, très-adhérente au papier, et nous offre une côte centrale qui s'efface vers son sommet, déja mutilé par les flots.

Au mois de mai, les dimensions de cette Hydrophyte sont beaucoup augmentées : la plante est parvenue à 4 et 5 décimètres de longueur, sur 13 centimètres de largeur, et sa nervure, déja bien formée, se prolonge enfin jusqu'au sommet de la fronde. Le stipe, long de 3 centimètres et demi le plus généralement, présente, outre deux ou trois pinnules développées de chaque côté, les bourgeons qui vont produire les autres. Ces jeunes pinnules offrent la singularité de se trouver alors souvent très-courtes, larges et comme orbiculaires. Le développement du végétal, continuant de s'opérer dans le même rapport, ne peut être complet sans doute que l'année suivante. Ses frondes ressemblent pour lors assez bien par la forme ovoïde oblongue, à celles des grands *Rumex* aquatiques.

ANALYSE MICROSCOPIQUE.

Fig. I. *Portion de la partie moyenne de la fronde de cette Laminaire.*

Elle présente une simple couche de grains contigus, arrondis, disposés en séries d'un aspect moniliforme, un peu flexueuses, non prolongées symétriquement, le plus souvent un peu

distantes les unes des autres. Les grains dont elles se composent sont portés sur une couc
de fibrilles diaphanes, disposée en plexus lâche, qui forme la partie centrale de la frond
et suivent une direction longitudinale. L'autre surface offre pareillement une simple couc
de grains rangés par séries. Tous les vides sont occupés et consolidés ici, ainsi que dans toute
plante, par un mucilage concret, homogène, très-diaphane. Comme ces séries de grains so
transversales, c'est ce qui est cause, de concert avec le système fibrillaire, que la plar
ne se déchire qu'en suivant leur direction', comme le ferait une feuille de Bananier.

Fig. II. Portion de la côte longitudinale de la fronde.

Sa texture est plus serrée et les séries se trouvent superposées sans symétrie intérieur
ment. Ici les petites masses globuleuses sont de proportions plus variables, quelquefois
peu alongées et alors en forme de parallélogramme; dans ce cas, elles se trouvent plus di
phanes; les plus petites sont orbiculaires et souvent même déprimées. En pressant à desse
entre deux lames de verre, cette portion du stipe, elle s'est partagée en diverses lanières long
tudinales, dans la direction des séries moniliformes, déchirement qui m'a fait reconnaître q
toute la côte ne se composait que de séries superposées.

Fig. III. Fragment des pinnules.

A. Fragment du sommet qui se trouve dépourvu de graines ou corpuscules réproducteu
B. Portion fructifiée, vue par sa superficie : C. vue étant coupée en travers. D. diverses grair
isolées.

Ces figures nous montrent que l'épaississement des pinnules est dû seulement à la présen
des graines, lesquelles se distinguent toutes avec facilité au microscope, en raison de le
couleur rembrunie ou comme roussâtre, qui ressort sur le vert pâle et comme olivâtre des pa
ties voisines. Ces graines sont de forme quelquefois un peu variable , tantôt comme globuleus
tantôt un peu alongées, assez généralement pyriformes, quelquefois cylindracées, mais al
toujours acuminées par le bas : elles se composent d'une membrane extrêmement mince, do
la transparence me permettait de distinguer les petits grains globuleux et assez transpare
eux-mêmes, qui remplissent plus ou moins leur intérieur. Quand on observe les séminu
par le sommet, elles paraissent un peu opaques par l'effet du raccourci; elles ne sembl
alors que de simples globules, analogues à ces seminules innées qu'on trouve éparses sur
fronde de diverses Délessériées.

Ces graines, au lieu d'être uniformement réparties, se trouvent disposées en général comme par compartiments, limités entr'eux par des lignes assez larges et tortueuses, où l'on ne voit plus que le seul mucilage concret, et qu'on prendrait volontiers pour des crevasses superficielles si elles étaient excavées, ce que je ne pense pas.

Le centre de la partie fructifère de la pinnule, vers lequel se dirige la base, ou la queue de toutes ces graines, n'offre plus qu'un espace blanc, très-diaphane et dépourvu de tout corps étranger à sa substance.

Par la macération, les graines se détachant en totalité, laissent à nud la couche centrale qui forme le thalamus de la fructification, et dont on distingue facilement toutes les fibrilles longitudinales.

Les poils, disposés en aigrettes ou petits faisceaux qu'on rencontre sur la plante dans sa jeunesse, sont simples, non cloisonnés intérieurement, entièrement diaphanes et terminés en pointe.

Obs. Cette plante remarquable se trouve beaucoup plus grande, sous tous les rapports que le *Lam. esculenta* des côtes de France par 48 degrés de latitude, dont j'ai suivi la végétation à l'île d'Ouessant. Mais cette dernière Laminaire, qui est une des algues boréales, ne croit plus ici que sur les extrémités des terres les plus avancées dans l'Océan. Si les marées ne la rejettent pas si abondamment à la côte que les *Laminaria saccharina, bullosa, digitata* (*auctor.*), quoi qu'elle soit aussi répandue qu'elles dans ces localités, c'est parce que sa fronde se sépare successivement par lambeaux; que son stipe, avec la côte centrale denudée, reste attaché aux rochers jusque dans le courant de l'hiver, où le gros temps l'arrache enfin et l'apporte sur le rivage.

Bory de Saint-Vincent nous observe avec raison, qu'il devait y avoir plusieurs plantes distinctes confondues sous le nom de *Fuc. esculentus*, Lin., l'espèce des mers d'Écosse, signalée par Turner, parvenant jusqu'à 10 aunes de longueur, tandis qu'en France la fronde surpasse rarement 3 à 4 pieds. La plante décrite par Lyngbye atteint les mêmes proportions que celle d'Écosse, d'Islande, Norvège, et des îles Feroë: elle abonde dans ces dernières sur les rochers les plus rapprochés de la superficie des eaux, et où elle est sans cesse battue par les flots. L'état élégamment ondulé de ses bords, est également le caractère du *Lam. Pylaii* de l'île Saint-Pierre auprès de Terre-Neuve; mais dans cette dernière localité, elle ne se tient point, comme nous l'avons indiqué, sur des rochers presque superficiels; elle y vit à une plus grande profondeur sous les eaux, de même qu'en France sous la même latitude.

Nous ne pouvons considérer les deux plantes suivantes que comme variétés.

Var. β.   LAMINAIRE à folioles distantes.   LAMINARIA remotifolia.

L. fronde conformi, membranacea, elongato-lanceolata, utrinque plicato-laxè undulata ; nervo centrali complanato valido : stipite tereti - compresso, pinnis distichè-alternis remotis, incrassatis, lanceolatis, infernè cuneatis, ex stipitis parte superiori prope basin usque digestis.

L. *esc.* var. *remotifolia*, Dlp. 1825, Annal. de nat. v. 4, p. 179, t. 9, fig. E : L. *Delisei*, Bory de St.-Vincent, 1826. Dict. class. d'hist. nat. X, p. 194. *exclus. syn.*

C'est encore un état bien remarquable de notre Laminaire feuille-de-Bananier; mais quelque extraordinaire qu'il paraisse, je ne peux considérer cette plante que comme une simple variation de l'autre, puisqu'à l'exception de la différence des pinnules de son stipe, la fronde est entièrement la même quant à la forme et à la consistance.

Sa fronde est large d'un décimètre et demi à 2 au plus, membraneuse, plissée onduleusement en ses bords, longuement lancéolée, d'un vert sombre qui passe au brunâtre par la dessication, et traversée par une côte longitudinale plane et forte comme dans l'autre plante. Le stipe de celle-ci est long de 3 décimètres, assez robuste, étant gros de 5 millimètres en travers dans sa partie inférieure : il offre la singularité de se trouver garni de pinnules distiquement alternes, au nombre d'une dizaine environ de chaque côté, et tellement écartées qu'elles occupent les trois quarts de sa longueur. Ces pinnules sont longues au plus d'un décimètre sur 22 millimètres de largeur, terme moyen : elles se trouvent coriaces dans l'état de dessication en raison de leur épaississement, d'un brun intense même noirâtre et opaque : elles ont une forme lancéolée, qui peut-être s'élargit vers leur sommet; mais je ne puis la constater avec certitude parce qu'il est plus ou moins mutilé dans toutes. Leur extrémité inférieure se resserre au coin vers leur pétiole, qui est fort menu et long environ d'un centimètre. Les pinnules inférieures, étant ordinairement tronquées au quart de la longueur ordinaire des autres, se présentent sous la forme d'un coin très-évasé.

OBSERVATIONS MICROSCOPIQUES.

Les séries de granules qui couvrent la superficie de sa fronde sont peu continues, quelquefois même assez confuses, contigues et dirigées d'une manière flexueuse ou oblique en divers sens. Les grains dont elles se composent sont d'une grosseur à peu près uniforme, courts, souvent comme carrés, même en général un peu plus larges que longs, souvent moins transparent que dans les autres espèces; ils varient entr'eux dans leur degré d'opacité et leur couleur d'un brun comme fulvescent, qui ressort sur la couleur jaune plus claire de leurs intervalles.

Cette plante, dont on ne connaît encore que cet échantillon unique, fait partie de la
Cection de Bory de Saint-Vincent : n'étant qu'indiquée en quelque sorte dans le Dictionnaire
ssique d'histoire naturelle, ce célèbre naturaliste a bien voulu me permettre de la décrire
1s sa collection.

VAR. γ.   LAMINAIRE trompeuse.   LAMINARIA decipiens.

L. fronde prælonga, lanceolata, membranacea, plicato-undulata ; stipitis pinnis
nfertis basi rotundatis, laceratione supericri fastigiato-flabelliformibus, bre-
us, plerùmque subpalmato-fissis.

Cette plante constitue une autre modification du *L. Musæfolia,* par ses pinnules fort
rtes, coriaces ainsi que dans le *L. remotifolia*, mais elles diffèrent de celles-ci par leur extré-
é inférieure qui est arrondie plutôt que resserrée en coin. En outre ces pinnules qui
it que 4 à 5 centimètres au plus de longueur, s'étendent quelquefois dans leur partie su-
ieure d'une manière flabelliforme, jusqu'à devenir aussi larges que longues. Toutes ont
sommet mutilé par une troncature généralement fastigiée, et la plupart sont en outre
me multifides, se trouvant fendues en diverses lamières, à la manière du *Laminaria
itata*. Ces pinnules qui surpassent le nombre de 12 de chaque côté du stipe, deviennent
prochées, au point de se couvrir réciproquement plus ou moins, selon leurs proportions.
fronde présente tous les caractères de celle du *Lam. Musæfolia.* J'ai désigné cette plante
le mot *decipiens*, par rapport à l'état flabelliforme de ses pinnules qu'on finit par
nnaître un simple effet de leur mutilation, lorsqu'au premier abord il semblerait un
ctère naturel au végétal.
e décris cette hydrophyte dans l'herbier de M. Bory de St.-Vincent. Elle a été rap-
tée de Terre-Neuve.

5° LAMINAIRE LINÉAIRE.   LAMINARIA LINEARIS. [PL. 5.]

L. Fronde prælongè-lineari, angusta, margine subrepanda, vix ac remotè
ulosa, sensim crassiore : stipite conformi, sursùm distichè pinnato : pinnis
ari-sublanceolatis, plerùmque falcatis.

nearis Dlp. 1817, herb. Terræ-Novæ in musæo Paris. : *Lam. esculenta*, var. *tæniata*, Dlp. 1825, annal.

sc. nat. v. 4, p. 179, tab. 9, f.F. β. L. fronde augustiori in stipite abbreviato: pinnulis sursùm obtusissim
retusis, plerisque subspathulatis.

Cette Laminaire doit constituer une espèce particulière, parce qu'on la trouve dès
première jeunesse fort distincte de la précédente, par l'état éminemment linéaire de s
frondes; ensuite parce que celles-ci se trouvent d'une consistance moins membraneus
étant sensiblement plus épaisses et plus rembrunies.

Lorsque la plante est fort jeune, sa fronde fort mince, très-délicate, d'un vert pomm
clair et un peu fulvescent, est susceptible de se fixer sur le papier comme une Délessériée
l'*Haliseris Polypodioides,* et munie latéralement de quelques plis en légères ondulations fc
rares: les individus qui ont acquis 25 à 30 centimètres de longueur, n'ont que quin
millimètres au plus de largeur; ils se trouvent portés sur un stipe cylindrique, long de 2
3 centimètres, de la grosseur d'une corde de violon, et sur lequel l'on n'aperçoit enco
aucun rudiment de pinnules latérales. Dans cet état, la fronde se trouve si abondamme
pourvue des petites houppes de sétules confervoïdes qu'elle en devient toute bigarrée, m
d'une manière fort légère. Les sétules des houppes marginales qui la débordent ont à p
près un millimètre de longueur.

Parvenue plus tard à l'état adulte, le stipe est long de 2 à 3 décimètres sur 5 millimèt
au plus de grosseur transversalement. Analogue à celui de l'espèce précédente pour sa forn
il porte dans sa partie supérieure une douzaine de pinnules de chaque côté, nombre presc
constant sur le grand membre des individus que j'ai observés. Ces pinnules sont linéair
lancéolées, plus ou moins obtusément arrondies à leur sommet, quelquefois même un
élargies en spatule ou simplement rétuses, et d'une longueur qui varie depuis 17 jusqu'à 18 c
timètres, sur une largeur de 16 à 22 millimètres: chacune d'elles se resserre vers sa base d'
manière généralement cunéiforme, pour se terminer par un petit pétiole dont la longueur
au plus d'un centimètre environ.

La fronde forme une bande linéaire, un peu sinueuse en ses bords, longue d'un mètre
davantage, mais étroite pour cette dimension, n'ayant que 8 à 9 centimètres au plus
largeur: elle est moins membraneuse que l'espèce précédente, d'un vert plus décidé,
devient intense en raison de l'épaisseur du parenchyme. Au lieu d'être comme festonnés
des plis multipliés, les bords de la fronde n'offrent que quelques ondulations petites, vagues
distantes: son sommet se trouve toujours comme dans la précédente, déchiré en laniè
étroites, plus ou moins larges, qui lui donnent un aspect pinné ou pinnatifide. Elle

raversée par une côte longitudinale plane, à peu près moitié plus étroite que dans l'autre plante, n'ayant que 6 millimètres de largeur. Les pinnules du stipe, qui sont également la seule partie fructifère, se colorent en brun tirant un peu sur le roux dans les trois quarts de leur longueur : cette nuance est assez opaque et se termine d'une manière arrondie en se resserrant graduellement dans l'intérieur de leur expansion. Comme la couleur brune s'arrête brusquement, l'on dirait d'une autre pinnule détériorée placée en dessous et vue par la transparence.

Développement graduel de cette Laminaire.

Dans la première jeunesse, quand la plante n'a que 2 centimètres de longueur, sur 3 millimètres de largeur, l'on ne distingue qu'un simple rudiment de la côte longitudinale au bas de la fronde de cette Laminaire. Au mois de novembre, les jeunes individus ont déja 1 décimètre et demi à 2, fort rarement 2 décimètres et demi de longueur, sur 2 à 3 centimètres de largeur. La fronde est lancéolée, retrécie graduellement en coin très-effilé, déja un peu nduleuse sur ses bords, d'un vert délicat tirant un peu sur l'olivâtre.

Son sommet est encore très-entier, et la côte longitudinale qui n'y parvient pas, s'efface totalement un peu au-dessous : déja la plante est pourvue de ses petites houppes de sétules onfervoïdes, mais celles-ci ne sont encore que naissantes.

Pendant l'hiver, l'accroissement continue sans interruption, de sorte qu'au mois de mars lle atteint jusqu'à 6 décimètres de longueur sur 5 centimètres de largeur, et la nervure s'est nfin formée complètement jusqu'à l'extrémité de la fronde. Mais celle-ci ne s'y trouvant lus entière, commence déja à nous offrir, sur une longueur plus ou moins considérable, es lanières étroites, linéaires, assez analogues aux divisions d'une feuille pinnée, lesquelles ont désormais se succéder dans cette partie, jusqu'au terme de l'existence de l'individu.

Quoique la plante soit dès-lors d'une grandeur assez remarquable, elle n'a point encore de nnules au sommet de son stipe : le plus grand échantillon que j'aie observé, où celui-ci ait 3 millimètres de grosseur transversalement, n'offrait que deux petits mamelons au int où les deux premières allaient se développer.

En avril, les autres mamelons paraissent successivement, pendant que les primitifs produisent urs jeunes pinnules. C'est ainsi que la plante commence un accroissement qui me paraît iger deux années pour parvenir à l'état adulte.

OBSERVATIONS MICROSCOPIQUES.

Les séminules de cette Laminaire, identiques pour la forme et la disposition, avec cell
de l'autre espèce, se trouvent de même oblongues, pyriformes ou cylindracées, avec le
extrémité amincie en pointe. Les granules globuleuses contenues dans leur intérieur, le re
plissent assez souvent en totalité, et se distinguent très-facilement en raison de la transp
rence complète de la membrane qui compose chacune des séminules. Un tissu fibrilleux q
occupe le centre de la partie fructifère, devient un véritable placentaire pour ces séminules, s
lequel elles forment deux couches opposées, par leur juxtaposition intime sur chacune de s
surfaces. Comme les séminules sont ici moins colorées que dans l'autre plante, nous devo
peut-être attribuer cette différence à un degré de maturité moins avancé.

En observant pareillement la structure de la côte longitudinale de la fronde, j'ai enco
rencontré la même composition que dans l'autre plante : ce sont des séries moniliformes
fort distinctes de grains globuleux, diaphanes, dont la direction n'est pas exactement rec
ligne. Les grains sont tantôt sphériques, tantôt un peu alongés, d'autrefois déprimés, to
jours contigus ; mais les séries laissant ordinairement entre elles un petit intervalle.

Une petite portion du stipe, prise dans sa partie inférieure, m'a offert, sous l'écorce qui
rembrunie, un parenchyme cellulaire d'un gris clair fulvescent, peu épais, confinant à
cercle d'un brun fauve qui forme la limite du tissu cellulaire interne. Celui-ci est d'u
blancheur uniforme, très-homogène, composé par l'agglomération des fibrilles d'une su
stance limpide, qui s'anastomosent d'une manière irrégulière en dessinant des aréoles as
souvent hexagones, et se trouvent cinq à six fois au moins plus larges que le diamè
de la fibrille qui les circonscrit. Cette partie n'a aucunes fibres solides, aucune espèce
vaisseaux, se réduisant pour lors à une simple masse uniformément spongieuse. L'
médullaire, entouré par cette masse, se présente au milieu du cercle comme un ovale tr
resserré, d'une texture analogue, mais plus dense et plus coloré. Souvent il se détermine ir
rieurement des fentes qui se rendent du milieu du stipe à sa circonférence, comme s'il y avait
rayons médullaires dirigés du centre à la partie corticale ; mais comme ceux-ci n'existent p
cet effet n'en est que plus surprenant.

La texture de la fronde doit ici sa consistance plus solide et plus opaque que dans la *L*
Pylaii au rapprochement des globules dont elle se compose : ces globules sont assez
formes entre eux, assez souvent ovoïdes ou déprimés, et tous assemblés de manière à ne
former qu'une réunion même confuse, au lieu de ces séries continues et qui deviennen

distinctes dans l'autre plante par leur disposition moniliforme. C'est cette différence organique, combinée avec une forme particulière, et avec la fructification dont la présence constate l'état adulte, qui m'ont déterminé à la considérer comme une espèce réelle et non une de ces modifications si fréquentes, produites par une différence d'âge.

Cette plante est moins commune à Terre-Neuve que le *Lam. Pylaii :* j'en ai recueilli quelques individus à l'île Saint-Pierre et sur la côte occidentale de Miclon, où elle avait été rejetée après un coup de vent. Je l'ai également rencontrée, mais plus petite, à l'extrémité nord de Terre-Neuve, dans les anses qui avoisinent les pêcheries du Quirpont : l'autre espèce ne se rencontre pas dans ces parages, et me paraît confinée aux côtes de la partie méridionale de l'île.

2° *FRONDE DÉPOURVUE DE COTE OU NERVURE LONGITUDINALE.* **CIMAZONE.**

5° LAMINAIRE A LONG PIED. LAMINARIA LONGICRURIS. [Pl. 6.]

L. stipite nudo prælongo, fronde terminali multo longiore, infernè et apice graciliter attenuato, solido ; sursùm incrassato tubuloso : fronde lata parùm crassa, oblongo-lanceolata, enervi, marginibus membranaceis, lævigatis, tenuius, latis et laxè undulatis; medio plano, marginibus sæpiùs angustiore, utrinque uniserialiter foveolato; foveolis interdùm evanidis.

L. *longicruris*, Dlp. 1817, in herb. Terræ-Novæ, mus.Par.: ejusd. 1825, annal. sc. nat. v. 4, p. 177, tab. 9, f. A. : *L. ophiura*, Bory St.-Vinc. 1826 (absque synonymia!!). Dic. class. d'hist. nat. v. 10, p. 194.

Cette Laminaire croît à l'île Saint-Pierre, au fond de l'Océan, d'où elle est arrachée et rejetée sur le rivage, surtout après les tempêtes : elle remplace ici le *Lam. saccharina* de nos côtes d'Europe, avec laquelle elle a assez d'analogie; mais elle s'en distingue par son stipe qui n'est point égal ni solide dans toute sa longueur, par sa fronde mince, courte relativement au stipe, et dont les fossettes en deux séries latérales, se trouvent souvent fort petites : elles sont même nulles dans la jeunesse de la plante, et s'effacent ordinairement dans un âge avancé. Sa couleur générale est d'un vert olivâtre.

Son stipe varie en longueur selon l'âge du végétal : dans les plus jeunes, il n'est que cylindrique, mais bientôt il se renfle successivement depuis sa base jusque vers son sommet, devenant tubuleux dans la partie gonflée. Il se prolonge jusqu'à 4 mètres de longueur et au-delà restant très-grèle inférieurement, et n'a communément que 7 à 8 millimètres en travers : il s'accroî jusqu'à 3 centimètres près de son extrémité supérieure, mais pour se resserrer de nouveau sou la base de la fronde, en se réduisant à 1 centimètre de largeur. Ce stipe se termine inférieu rement par des racines branchues, arrondies, assez lisses, qui se fixent sur les rochers dor elles enveloppent les petites saillies ; elles recouvrent même quelquefois en totalité les caillou sur lesquels la plante a pris naissance. Comme ces racines sont grèles et trop faibles pou retenir une plante aussi grande dans l'âge adulte, de nouvelles sortent au-dessus des infé rieures, puis il en pousse encore d'autres au-dessus de ces dernières, en remontant ain graduellement jusqu'à 6 et 7 centimètres. Toutes ces racines s'étendent réciproquement le unes par-dessus les autres, jusqu'à ce qu'elles puissent atteindre par leur extrémité, le corp qui sert de base au végétal, et s'y attacher par leurs crampons, de la manière la plus solide

La fronde n'est pas moins remarquable par ses bords élégamment ondulés en larges feston que par sa grandeur, qui est d'un mètre et demi à 2 au plus de longueur, sur 3 à 5 décim. de la geur. Sa superficie est fort lisse, et sa consistance même assez forte dans sa partie centrale où elle a une certaine épaisseur et une couleur un peu plus rembrunie ; mais elle s'aminc latéralement. Elle est munie de deux séries longitudinales de fossettes qui s'élèvent en boss sur la face opposée à leur excavation, de manière que les deux côtés de la feuille n'offre aucune autre différence que cette alternative. Ces fossettes sont d'abord petites, comme carrée ou en forme de carré un peu alongé ; elles deviennent ensuite plus longues au contraire tran versalement dans l'âge adulte, et laissent entre leurs deux séries un intervalle de 70 centi mètres qui est extrêmement uni : elles se trouvent situées au point même où la feuille v s'amincir, pour former ses larges bords onduleux. Dans un âge avancé, ceux-ci se détruise les premiers vers le sommet de la plante, où la partie centrale se réduit à une simple laniè alongée, plus ou moins étroite. Lorsque cette Laminaire reste submergée, après avoir é arrachée des rochers sous-marins, la partie centrale de sa fronde nous présente bient quantité d'ampoules remplies d'eau, lesquelles se forment sans doute par la décompositio du parenchyme, et concourent à accélérer la destruction de la plante.

On distingue cette Laminaire du *L. caperata* par ses bords fort larges, très-lâchement o duleux, sans rides, et d'une demi-transparence qui contraste avec l'état presque opaque l'autre plante.

J'ai vu souvent, aux environs des îles de Bellile et de Grouais, des individus de l'espèce q nous occupe, longs de 5 à 6 mètres, flottants sur l'Océan : j'en ai encore observé de trè grands dans le détroit au nord de Terre-Neuve : on les trouve surtout dans les endroits où la surface de la mer est couverte d'écume par le conflit des courants; mais il est rare que la mer rejette cette espèce dans le Hâvre du Croc et aux Saints-Juliens. A mon dernier voyage, en 1819, j'en ai même rencontré divers individus en pleine mer, à sept ou huit lieues de l'île Saint-Pierre.

OBSERVATIONS MICROSCOPIQUES.

La superficie de sa fronde nous offre, ainsi que dans le *L. Musæfolia*, des grains par séries longitudinales : mais dans la jeunesse de la plante, ces séries ne sont pas distinctes; alors les grains sont comme épars, de grosseur fort variable, et l'on aperçoit en outre, par la transparence, toutes les grandes mailles anguleuses du plexus de filaments anastomosés qui consolident l'intérieur de la fronde. Les grains sont inégaux : on en voit de grands qui remplissent seuls certaines mailles du réseau, et sont de forme carrée ou oblongue; d'autres sont petits, irréguliers : la plupart des fragments que j'ai observés m'ont encore présenté de très-petits grains épars à leur superficie. Sur d'autres portions où les aréoles se trouvaient diaphanes, la circonscription de celles-ci était déterminée par des séries composées de grains associés, quelquefois même sur plusieurs rangs. J'ai remarqué en outre des endroits plus opaques que la substance environnante, et vers le centre desquels convergent les grains qui occupent ces espaces : c'est de ce point central que s'élèvent les faisceaux de sétules confervoïdes.

Les plantes adultes seules présentent la disposition des grains par séries longitudinales bien caractérisées. Ces séries sont contigues, flexueuses, souvent même comme incertaines quant à leur direction, parce que les grains se groupent encore entr'eux d'une manière transversale, en suivant la direction du tissu réticulaire qui compose l'intérieur de la fronde : elles se trouvent ordinairement plus opaques que les parties voisines, et les grains dont elles se forment sont le plus souvent carrés, assez égaux, tous contigus, même comme déprimés par l'effet de leur rapprochement intime. D'autres portions des frondes adultes au contraire, ne m'ont pas offert les séries longitudinales véritablement distinctes.

Cette Laminaire a pour fructifications des corps brunâtres qui se trouvent dans l'intérieur du parenchyme; néanmoins ils sont si apparens qu'on les croirait superficiels : ils sont constamment de forme courtement ovale, ou plus arrondis, rarement contigus, tantôt épars, tantôt réunis sans symétrie : toute leur partie centrale est occupée par un noyau opaque (la graine), revêtu d'une enveloppe épaisse (le Spermoderme), mais néanmoins assez translucide pour distinguer parfaitement la forme du noyau. J'en ai rencontré, sur un autre échantillon,

6.

qui étaient la plupart orbiculaires, et dont plusieurs n'offraient pas de noyau interne, san
doute par avortement.

Toutes ces fructifications sont manifestement spontanées, car on ne les voit accompagnée
d'aucun thalamus épaissi en forme de taches irrégulières; ni de toute autre disposition part
culière, qui pût concourir à favoriser leur formation. Comme ces grains ont la plus parfai
analogie avec ceux du *Lam. saccharina*, ce serait un fait à joindre aux autres considératio
qui me paraissent avoir assez d'importance pour faire ériger cette section en un genre part
culier (1).

Var. β.   LAMINAIRE à large base.   LAMINARIA platybasis.

L. fronde ovato-lanceolata vel abbreviato-subrotunda, basi mox expansa
tenuiore, pellucida, biserialiter foveolata; marginibus membranaceis laxè u
dulatis lævigatis, parte media duplo latioribus : stipite tereti supernè incrassat
ad frondis basin attenuato.

L. longicruris, var. *platybasis*, Dlp., in herb. T.-N. musæi Par. : ejusd. *L. longicruris*, var. *tenuior*, Ann
sc. nat. v. 4, p. 184, t. 9, fig. B.

Cette plante est généralement une des grandes Laminaires de l'Océan : son stipe est cyli
drique, fort lisse, de couleur brunâtre, gros de 5 millimètres à sa base, renflé dans sa part
moyenne, puis aminci vers la fronde, ainsi que sur le type de l'espèce, et fixé aux pierres p
des crampons radicaux analogues. Sa fronde est très-largement lancéolée, ou plutôt ovoïd
lancéolée, d'un brun olivâtre et assez mince pour qu'on puisse distinguer les corps qu'e

(1) Dans le cas où l'on s'imaginerait, comme l'a dit un des Naturalistes modernes, que j'avais don
le nom spécifique de *longicruris* à cette Laminaire, en raison de la ressemblance que j'avais trouv
entre son stipe et une cuisse, je prie les Botanistes, d'être bien persuadés que je savais n'emplo
le mot *crus*, que dans le sens où Columelle et Pline ont dit, *crus arboris*. Si ces deux auteurs eusse
voulu désigner une cuisse, ils se seraient servi du mot *femur*, qui est l'expression propre; mais leur inte
tion n'était pas plus d'indiquer la cuisse d'un chêne ou d'un sapin, que moi celle d'une Laminaire. Pe
être ne m'a-t-on supposé cette idée, qu'afin d'avoir un prétexte pour remplacer le mot *longicruris*,
celui d'*ophiura*, queue de serpent. Ce dernier nom, je l'avoue, caractérise à merveille (mais dans ce
seulement) l'aspect que nous présente le stipe d'un grand échantillon de cette espèce, replié par M*** a
beaucoup d'adresse, pour qu'il pût être contenu dans son herbier.

place au-dessous: ses bords sont encore moins épais que sa partie moyenne, et tout-à-fait membraneux, quoique doués d'une solidité remarquable. Ce peu d'épaisseur générale concourt à la distinguer du *L. longicruris* proprement dit.

Je ne puis assigner une longueur certaine à cette Laminaire, parce que son extrémité supérieure est toujours rompue par les flots; le stipe atteint communément 1 mètre de longueur et souvent 2; la fronde a 4 ou 6 décimètres de largeur, ayant alors une longueur à-peu-près triple. Malgré les différences dans les proportions et l'état de ses parties, la forme renflée du stipe et l'aspect général ne peuvent me la faire considérer que comme une variété de la précédente. L'ayant observée particulièrement, j'ai acquis la certitude qu'elle est une forme constante et non une modification accidentelle. On la trouve communément rejetée sur la plage autour des golfes, aux îles Saint-Pierre et Miclon, et autour de l'île de Terre-Neuve.

Var. γ. LAMINAIRE cunéiforme. LAMINARIA cuneata.

L. fronde lanceolata, tenui, membranacea, basi cuneata, marginibus angustiùs plicato-undulatis.

J'ai rencontré cette variété remarquable à l'île de Miclon, sur la côte du nord-ouest, dans les anses qui avoisinent la montagne du Calvaire.

Les échantillons que je possède de celle-ci sont jeunes, et j'ignore la grandeur à laquelle parvient cette plante dans son état adulte; mais quoique d'un port très-différent de la variété précédente, l'on se trouve forcé de la rattacher au type du *L. longicruris* par la nature des caractères de la fronde et la forme de son stipe. Sa fronde, au lieu d'être brusquement élargie à sa base comme la précédente, s'y resserre au contraire d'une manière graduellement cunéiforme; étant étroite relativement à sa longueur totale, elle se trouve par ce caractère, conjointement avec le peu de largeur de ses plis latéraux, assez analogue avec un des états du *Laminaria saccharina* des côtes de France: mais elle se distingue sur-le-champ de cette autre plante par une fronde plus mince et par la tendance de son stipe à se renfler, ce qui est manifeste même sur de très-jeunes individus.

Dans les échantillons longs de 3 décimètres et demi en totalité, la fronde a 6 centimètres et demi de largeur, et le stipe 5 millimètres: la plante adhère bien au papier, dans toutes ses parties, mais plus tard il n'y a plus que la fronde.

Des échantillons intermédiaires lient ensemble les trois formes du *L. longicruris*.

7° LAMINAIRE RIDÉE.   LAMINARIA CAPERATA. [P. 7.]

L. fronde elongato-lanceolata rigenti, basi cuneata, crassa, subopaca, stipi
multò longiore; marginibus rigidulis eleganter undulatis, caperatis, parte m
dia sæpiùs non latioribus : stipite mediocri, suprà medium parùm incrassat
intùs pleno, basi et apiçe attenuato.

L. caperata Dlp. 1817 in herb. T.-N. Musæi Pnr. : ejusd. Annal. sc. nat. 1825, v. 4, p. 180, tab. 9, fig.
Cette figure est peu exacte : la forme des plis latéraux n'est pas bien saisie, et vu la petitesse du dess
on n'a pu y représenter les rides qui constituent en quelque sorte, le principal caractère de cette plan

Cette espèce nouvelle habite, comme la laminaire à long pied, le fond des golfes, a
îles Saint-Pierre et Miclon, d'où elle est arrachée et rejetée à la côte par le gros temp
particulièrement en automne : je ne l'ai pas observée dans la partie nord de Terre-Neu
Elle se distingue sur-le-champ de la précédente par sa fronde beaucoup plus longue, p
étroite et plus solide.

Le stipe de cette Laminaire atteint d'un à 2 mètres de longueur, est plein, peu renflé d
sa partie moyenne, et pourvu à sa base de crampons moins grêles que dans le *L. longicru*
La fronde est épaisse, d'un vert sombre olivâtre, cunéiforme, assez rigide, moins large
presque opaque; sa longueur est communément de 2 à 4 décimètres, sur 1 et demi ou 2
plus de largeur: elle se trouve fort longuement lancéolée, munie pareillement d'une dou
série de fossettes, entre lesquelles tout le milieu est fort lisse, épais et très-uni. Ces fosse
manquent dans la jeunesse de la plante, et sont plus petites que dans l'espèce précéde
Les bords sont élégamment festonnés par des ondulations qui paraissent comme ridées, é
couvertes d'une multitude de très-petites proéminences tortueuses, interrompues, lesque
forment autant de dépressions sur la face opposée: ils ne sont pas minces comme dan
Lam. longicruris et ses variétés, ni flasques; leurs plis se soutiennent même avec une
taine rigidité et se trouvent uniformes. Le milieu de la fronde, fort lisse, est ordinairem
plus large que les festons latéraux, dont les premières rides sont seules longitudinale
parallèles.

OBSERVATIONS MICROSCOPIQUES.

La fronde de cette espèce étant plus épaisse que celle des *Lam. longicruris* et *Musæfo*
il en résulte une plus grande complication dans sa structure interne : un fragment pris c

les plis latéraux qui en sont la partie la plus mince, et pour lors la plus transparente, m'a fait reconnaître qu'elle se composait, ainsi que dans ses congénères, de grains disposés en séries flexueuses, mais généralement moins continues, parce que les petits grains se groupent souvent quatre à quatre, et quelquefois deux à deux. Par cette disposition ils laissent entr'eux un intervalle à-peu-près égal de tous côtés, et qui se trouve même d'une transparence remarquable, étant d'un vert clair, tandis que les grains sont d'une couleur roussâtre assez sombre. Tous ces grains sont de forme arrondie, et à-peu-près égaux en grosseur.

Un autre fragment m'a présenté ses séries plus distinctes longitudinalement, moins flexueuses, et rapprochées le plus souvent deux à deux. Cet appareil granuleux repose sur un plexus de fibrilles blanches, lâchement entrelacées.

Dans la partie centrale, où la fronde acquiert plus d'épaisseur, j'ai observé en outre des corps blancs c'est-à-dire incolores, de forme arrondie, qui composent des masses indépendantes les unes des autres : parmi ces masses, j'ai rencontré la fructification en graines oblongues-fusiformes à l'état rudimentaire; tantôt celles-ci sont cylindriques et resserrées d'une manière à-peu-près semblable à leurs deux extrémités, et tantôt plus obtuses à leur sommet. Dans ce dernier cas, l'extrémité inférieure s'atténuait en une pointe extrêmement déliée.

Les parties épaissies de manière à se trouver presque sans transparence, m'ont offert en outre des masses arrondies, et même tout-à-fait sphériques, assez opaques, sombres à leur superficie. Quoique distinctes de la fructification en graines globuleuses du *Lam. longicruris*, par l'absence d'un spermoderme diaphane, il est difficile de ne pas les considérer autrement que comme des corps reproducteurs, en raison de l'analogie de leur forme. Dans les endroits où ces corps existent, je n'ai plus distingué sur la fronde, les grains en séries ou réunis par petits groupes, et je présume que c'est à la fusion réciproque de ceux-ci que nous pouvons attribuer la formation d'une substance membraneuse et diaphane, dont la superficie raboteuse me paraissait même comme légèrement boursoufflée. Tous ces fragments à grains orbiculaires, dans lesquels je l'ai rencontrée, se distinguent encore des parties à graines cylindracées-fusiformes, parce que la fronde s'y trouve moins épaissie. Mais dans les endroits où se développe ce dernier mode de reproduction, le plexus cellulaire-fibrilleux y prenant un dégré d'extension extraordinaire, compose une couche blanche qui est fort épaisse, proportionnellement aux deux lames superficielles et colorées en brun, dont elle est recouverte. Celles-ci sont presque uniquement formées par les fructifications cylindracées ou fusiformes, et pour peu qu'on laisse la plante infuser quelque temps dans l'eau douce, toutes ces graines se détachent bientôt très-facilement, laissant à nud la couche interne sur laquelle elles se

trouvaient implantées. On pourrait considérer, à mon avis, cette facilité à se disjoindr
comme un moyen tendant à favoriser la dissémination, car il est probable que la même chos
arrive dans la mer, lorsque la maturité est révolue.

EXPLICATION DES FIGURES.

Fɪɢ. I. La plante entière.

F. II. Portion de la fronde vue au microscope.

F. III. Fragment présentant les fructifications dans leur position naturelle.

F. IV. Diverses graines isolées cylindracées ou fusiformes.

F. V. Autre fragment avec les séminules orbiculaires, dont quelques-unes ont été dégagées pou
qu'on puisse mieux juger leur forme.

8° LAMINAIRE EN FORME DE CUIR.   LAM. DERMATODEA. [Pl. 8

L. stipite mediocri, basi cylindrico, supernè dilatato complanato, parù
longo : fronde oblongo-lanceolata, incrassata, demùm loriformiter 2 - 3 fissil
muco fructifero in conceptaculis sparsis, seriùs pustulæ-formibus, poro dehisce
tibus : radicibus minoribus, ex stipitis basiliari dilatatione emergentibus.

L. *dermatodea* Dlp. 1817, herb. Terræ-Novæ Musæi Par.: Bory de St.-Vincent, Dic. class. d'hist. n
(tantùm nomen huic plantæ impositum indicans, auctore non relato) vol. 10, p. 189.

Cette espèce croît, avec la Laminaire Commestible, à l'île Saint-Pierre; mais je ne n
rappelle pas l'avoir vue ni à Terre-Neuve, ni jamais en Europe : elle a quelques rappor
pour sa consistance, avec le *Lam. bulbosa,* ou *Fucus polyschides,* lorsque celui-ci est jeun
mais outre qu'elle n'atteint que le tiers au plus de la longueur de cette autre plante, el
s'en distingue sur-le-champ, parce que la base de son stipe ne forme jamais les deux gross
ampoules coriaces que porte celui-ci de l'autre Laminaire, et que ce stipe arrondi inférieur
ment, ne se change en fronde que dans sa partie supérieure. Néanmoins, ses affinités de consi
tance et de texture me font présumer que cette Hydrophyte remplace ici la plante d'Europe.

Cette Laminaire, d'un brun jaunâtre, parvient quelquefois jusqu'à 7 à 8 décimètres, ma
sa longueur ordinaire est de 5 à 6. Son stipe est court, long d'un décimètre seulemen
menu et cylindrique à sa base, où il n'a que 4 millimètres de grosseur: il s'y termine par
petit empattement divisé en branches courtes, simples, qui se fixent sur le rocher; mais

reste toujours un certain intervalle entre l'extrémité du stipe et l'origine de ces branches; sa forme cylindrique disparaît insensiblement vers sa partie moyenne, où il s'applatit en s'élargissant graduellement aux approches de la fronde : il atteint 10 à 12 millimètres de largeur sous celle-ci, avec une épaisseur de 3 millimètres, ou un peu plus. La fronde ovale-oblongue cesse bientôt en se développant, d'être entière à son sommet; elle est épaisse, ferme et assez coriace, d'abord très-lisse, large le plus communément de 2 décimètres, plus ou moins arrondie dans sa partie inférieure, où elle se resserre même quelquefois en coin, et partagée très-profondément dans certains individus, en deux ou trois lanières le plus souvent de largeur inégale.

Les fructifications deviennent sensibles vers l'automne et consistent en une petite fossette arrondie, creusée dans le parenchyme, laquelle se remplit d'un mucus brunâtre un peu granuleux : l'épiderme se trouve soulevé au-dessus de celle-ci, sous la forme d'une petite pustule large au plus d'un millimètre et demi, et dont le sommet s'ouvre par un pore qui sert à l'émission du mucilage séminifère (1). La fronde est parsemée tout entière de ces pustules sur ses deux surfaces. Vers la fin de l'été, quelques *Ceramium*, et l'*axillare* surtout, vivent parasites sur cette Laminaire; mais son stipe ne porte aucun *Fucus* analogue aux *palmetta* Lin., ou à divers autres qu'on rencontre sur les *Lam. digitata, saccharina, esculenta,* etc. Il paraît que celle-ci est seulement annuelle, ce que nous annonce encore sa texture beaucoup plus délicate.

Accroissement progressif de cette Laminaire.

Je rencontrai vers la fin d'octobre, une pierre assez volumineuse qu'on venait d'extraire du fond de la rade, et qui était couverte de cette Laminaire dans sa première jeunesse : comme la plante s'y trouvait mêlée avec quelques débris de la base du stipe de l'espèce adulte, il ne pouvait rester aucun doute que cette nouvelle génération ne provînt du *L. Dernatodea* lui-même. Tout le végétal n'avait alors que 2 à 3 centimètres de hauteur, et sa fronde, d'une délicatesse infinie, n'avait en largeur que 3 millimètres au plus. Cette fronde un peu resserrée en pointe à son sommet, puis ensuite linéaire sur la plus grande partie de sa longueur, s'amincit successivement jusqu'à se terminer par un petit stipe presque capillaire, où l'on distingue néanmoins, au-dessus de son point radical, l'espèce de petit nœud (Rhizogène) (2)

(1) Ce caractère, joint à la nature particulière du végétal, n'aurait-il pas une valeur suffisante pour la faire ériger en genre particulier ?

(2) Organe exclusif à cette hydrophyte et au *L. Bulbosa* : il n'existe que chez ces espèces dans tout le

7

que j'ai vu plus tard s'accroître et donner naissance aux principales racines qui fixent ce
Algue aux corps solides.

Au mois de mars, la plante parvenue à 2 décimètres de longueur et même un peu plus,
présente sous la forme de bandelettes d'un vert tendre, encore fort délicates, et larges d'
centimètre. Son stipe bien distinct, est gros comme une petite corde à violon, d'une tei
un peu plus rembrunie, et long de 2 centimètres. Le Rhizogène qui est devenu large
4 millimètres, forme une espèce de petit cône inverse d'où descend la véritable tige, laque
au lieu de racines, ne porte encore qu'un simple callus basiliaire: toute la fronde est tr
abondamment parsemée de petites houppes de sétules confervoïdes, qui lui donnent
aspect bigarré de fauve. Dans cet état, elle adhère en général avec assez de force au papi
Mais, quoique tout le sol soit encore couvert de neige et que la mer soit bordée de glaç
épais, la végétation reprend sous les eaux, en avril, une telle activité par l'approche de
belle saison, que dès le mois de mai, cette Laminaire est parvenue à une taille de 5 à 6
cimètres, sur 7 centimètres de largeur par le travers de sa fronde. Le stipe, déja appla
est long de 12 centimètres, large de 4 millimètres, et son Rhizogène s'est évasé jusqu'à 1 c
timètre environ, dimension qui lui suffit pour masquer la tige primordiale, laquelle ne t
dera pas de se confondre avec les diverses racines qui vont partir des bords et de sa surf
inférieure (1). La plante, en continuant ensuite de grandir pendant l'été, étend seulem
ses proportions sans offrir aucune particularité digne d'être rapportée.

OBSERVATIONS MICROSCOPIQUES.

La surface de sa fronde doit son aspect comme granuleux à l'inégalité de sa transparen
Sa superficie ne m'a présenté (Fig. B.) que des grains plus ou moins diaphanes, irréguliè
ment anguleux, quelquefois carrés ou un peu oblongs, plus rarement arrondis, de gross
souvent inégale. Sur certaine portion de la fronde, ils m'ont paru presque sans ordre; m
sur d'autres, j'ai fini par distinguer nettement qu'ils suivaient une direction longitudina
se trouvant disposés par séries tortueuses, qui devaient leur irrégularité et leur état conf
l'inégalité des graines dont se composait l'ensemble.

règne végétal! n'ayant pas encore été désigné par un nom particulier, je propose celui-ci dont je me
virai pour éviter des périphrases.

(1) L'on verra, en comparant ce mode d'accroissement avec celui du *L. bulbosa* d'Europe, que ces
plantes sont identiques sous ce rapport. J'ai donné ces détails curieux en décrivant cette Laminaire
mon Traité de la famille des Algues.

Dans certains endroits où la densité s'accroît considérablement, la couleur devient roussâ-
e ou rembrunie, et les grains s'alongent en espèces de papilles qui rayonnent autour d'un
ntre plus diaphane; ce centre est occupé par des grains particuliers de forme arrondie,
uvent inégaux, et plus ou moins rapprochés : assez rarement cet espace se confond avec
s parties voisines. Je présume que c'est là que se développent les fructifications.

Quand la plante est adulte, les grains de son état de jeunesse sont remplacés par une lame
ès-mince en forme de dentelle, tant les trous dont elle est criblée sont nombreux et rapprochés :
s trous sont arrondis ou quadrilatéraux, quelquefois à la suite les uns des autres avec une
rtaine régularité, d'autres fois comme disposés sans aucun ordre positif, et laissant aussi
tre eux des espaces plus ou moins étendus.

On distingue même souvent sous cette lame superficielle par la transparence de la
onde, un plexus réticulaire dont les grandes mailles oblongues, mises à découvert, nous
ntrent qu'elles sont formées de filaments qui s'anastomosent entre eux de manière à pré-
ter des aréoles irrégulières, quelquefois cependant hexagones.

Plus intérieurement, les fibrilles de ce tissu se dilatent en cloisons fort minces, laissant
tre elles de grandes cavités, où certains plis de leurs parois sont munis longitudinalement
une matière interne grenue et assez opaque. D'autres plis renferment encore un filet coloré en
un, qui est peut-être un vaisseau ou bien une fibre moins diaphane. Cette disposition est une
nsformation de l'état vasculaire ou comme alvéolé, que nous offre la structure interne du stipe.

La plante nous présente aussi dans son stipe, une organisation plus diversifiée que chez
autres Laminaires dont nous avons fait précédemment l'analyse.

Voici ce que nous avons observé sur un tronçon coupé transversalement près de sa base :
a couche superficielle, ou l'écorce, consiste en une matière grenue colorée en brun, pres-
e opaque, ramassée par petites agglomérations partielles qu'on peut diviser entre elles en
ssant un fragment de cette partie entre deux lames de verre. Au-dessous de cette couche
erficielle, la même substance bientôt décolorée, reste blanche, et nous présente, d'une
nière plus distincte son état granuleux. C'est à cette couche que confine un tissu à
rilles disposées dans une direction rayonnante vers le centre du stipe, et qui se trouve
ité à son tour par une couche d'aréoles en lozange un peu alongé, ou irrégulièrement
uleuses, très souvent inégales. A cette couche, qui est la troisième, succède l'avant-dernière,
se compose d'orifices ovales ou circulaires, jamais anguleux : ces derniers nous offrent,
s la substance extérieure, rembrunie et assez opaque qui les enveloppe, le bord d'un
e diaphane, jaunâtre, tapissé extérieurement par un mucilage blanc, concret, translucide,

qui laisse à leur partie centrale un vide irrégulièrement anguleux et quelquefois obscu
Cette couche s'applique et se confond avec la partie centrale qui est plus sombre, en ce qu
le contour des orifices qu'elle présente se trouve coloré en brun au point de devenir pe
diaphane: en outre, ces orifices sont vides et irréguliers.

EXPLICATION DE LA PLANCHE.

Fig. I. La plante dans ses divers âges, et dans les diverses modifications de forme qu'elle présent
étant adulte.   A. Superficie de la fronde.   B. Autre portion offrant l'endroit où se développer
sans doute les graines.   C. Fragment d'une fronde adulte.   D. Coupe transversale du stipe
sa partie inférieure.

3° *FRONDE PALMÉE OU MULTIFIDE.* **LAMINAIRE.**

9° LAMINAIRE A LARGES BANDES.   LAM. PLATYMERIS. [Pl. 9.]

L. stipite brevi, tereti, minuto, undique æquali; fronde basi cordata, olivacec
fucescente, valida, subcoriacea, lævissima; inæqualiter et plus minùs-ve profund
laciniata.

L. platymeris, DlP. 1817, in herb. Terræ-Novæ, musæi Par. : ejusdem *L. platyloba* Ann. sc. nat. vol.
p. 178, t. 9, f. I, I, I. *L. digitatæ* auctorum Varietas, plantis valdè diversis sub hoc nomine consociatis
stirpes gallicas autem primus distinxi, in Annal. scien. nat. anno 1825 : seriùs iterùm constitutæ, in Di
class. hist. nat. anno 1826, observationibus stirpibusque nostris, omninò præteritis.

Cette espèce se trouve aussi rejetée, avec les précédentes, autour de la rade de Sain
Pierre et Miclon : ne l'ayant point observée au niveau des basses eaux, ainsi que son affin
Laminaire Digitée sur les côtes de la Bretagne, je suis porté à croire que celle-ci se tient
une grande profondeur.

La plante est différente de la Lamin. digitée (*L. phycodendron* N.), par sa petites
et surtout par le peu de longueur, joint l'état uniformément cylindrique de son stipe (1).

(1) J'ai vu le stipe atteindre en France dans l'autre espèce, jusqu'à 3 mètres, sur les côtes des îles d'Oue
sant, de Sein, Belle-Ile, etc., et même Wahlenberg lui en assigne jusqu'à 4 et 5 au moins en Laponie, r
gardant volontiers les régions polaires comme la patrie de cette Laminaire. L'identité du climat de la Lapon
avec celui de Terre-Neuve nous confirme que la plante de cette île constitue une espèce bien distincte.

Les racines qui terminent celui-ci dans le *L. micropoda* n'ont tout au plus que 2 centimè-res et demi de longueur, sont grosses pour la plante, et un peu rameuses vers leur extrémité. Le stipe est cylindrique et égal dans toute sa longueur; il est brunâtre ou d'un brun olivâtre comme la fronde lorsque la plante est jeune, lisse, seulement long de 9 à 12 centimètres, sur à 7 millimètres de grosseur transversalement. La fronde se dilate brusquement à son origine, où elle atteint rarement plus de 2 décimètres et demi de largeur : d'abord elle est simplement arrondie; mais dans l'âge adulte, elle se trouve un peu rentrante de chaque côté du sommet du stipe, de manière que sa base devient un peu cordiforme. Cette fronde se fend en plusieurs lanières longues au plus de 6 à 7 décimètres, sur une largeur quelquefois de 8 à 12 centimètres, mais plus souvent beaucoup moins, et qui vont en se resserrant vers leur partie supérieure, dont l'extrémité est presque toujours rompue. Ses divisions principales au nombre de deux à quatre se partagent encore vers leur sommet, en quelques nouvelles, lanières : toutes sont extrêmement lisses, fortes et pellucides.

Si la plante reste sous l'eau après sa séparation du rocher, les sucs nourriciers contenus dans le parenchyme de la fronde, en se décomposant, forment quantité d'ampoules à sa superficie, qui, lorsqu'on les crève, rendent une eau blanchâtre, comme laiteuse. Cette eau coagulée devient fort glutineuse, et file entre les doigts de même que la gomme arabique dissoute : plus desséchée, elle jouit d'une aussi grande élasticité que le Caout-chouc, venant frapper les doigts avec bruit, comme celui-ci, lorsque tendu trop fortement, il vient à nous échapper.

OBSERVATIONS MICROSCOPIQUES.

La plante n'offre extérieurement dans sa jeunesse, qu'un tissu cellulaire fort serré, à la superficie duquel sont épars tous les grains rudimentaires.

Dans un âge plus avancé, et que nous devons considérer comme l'état adulte, les grains se présentent en lignes qui suivent des directions très-variées, ou s'assemblent en groupes partiels. La fronde, qui a pris la plus grande épaisseur dont elle est susceptible, n'offre plus que des grains de couleur brun-sombre, d'une forme carrée, mais avec leurs angles plus ou moins arrondis. Lorsque ces grains se réunissent entre eux, tantôt ils sont assemblés deux à deux, d'autres fois quatre à quatre : il arrive même que les groupes à quatre grains s'associent quatre à quatre, et même quelquefois jusqu'à cinq ensemble, laissant autour d'eux un in-tervalle analogue à celui qui sépare ailleurs les groupes partiels. Une portion de la fronde m'a présenté cette dernière disposition sur toute sa superficie.

Aux approches des déchirures terminales, la texture oblitérée offre des lacunes entre
tapis de grains, lesquels finissent eux-mêmes par se déjoindre et devenir irrégulièreme
épars. Mais enfin emportés totalement, il ne reste plus que la substance interne, qui e
blanche c'est-à-dire incolore. Cette partie se compose d'un plexus fibrilleux dont les filamen
sont hyalins, irrégulièrement divisés et anastomosés : ce plexus se trouve placé immédiat
ment sous les grains; il recouvre, en se confondant avec elle, la couche centrale, qui consis
en un mucilage concret, comme membraneux, lacuneux sur certains échantillons, accom
pagné d'une matière grenue et dont les petites masses inégales et irrégulières, varient po
lors un peu dans leur degré de transparence, et sont quelquefois un peu jaunâtres.

Un autre fragment, pris dans les parties les plus épaisses, m'a offert, sous sa couche ext
rieure, outre les deux appareils précédents, un réseau à grandes aréoles, presque distin
sans le secours de la loupe, et d'autant plus remarquable que les ramifications qui le de
sinent sont opaques : elles forment des aréoles polygones à cinq ou six angles, quelquefo
seulement trapézoïdes et souvent plus longues que larges.

On distingue très-facilement à la loupe, çà et là, les orifices circulaires par lesquels
secrète le mucilage visqueux, ou plutôt glaireux, dont la plante se couvre quand elle res
soumise à l'action de l'air atmosphérique (1). Quelquefois la substance de la fronde devie
comme opaque autour de ces orifices.

Je n'ai rencontré dans cette Laminaire, aucun élément de la fructification en corpuscu
cylindracées-pyriformes; mais un fragment pris dans la partie supérieure où les laniè
ont leur plus grande épaisseur, m'a présenté les grains de la superficie sous une forme no
velle. Ayant perdu la forme carrée qu'ils avaient sur le fragment où ils se groupent, ils
viennent arrondis, opaques, et comme encroûtés par une matière parenchymateuse tra
lucide, qui deviendrait pour eux une espèce de spermoderme, si ces grains constituaient
graine proprement dite, ainsi que je le présume.

Un autre fragment contient encore des grains d'une espèce différente : ceux-ci sont ang
leux, tantôt oblongs, tantôt triangulaires ou cunéiformes, de grosseur inégale, quoiq
toujours deux à trois fois plus gros que les grains de la superficie, et même au-delà,
distincts en outre de ces derniers par leur transparence. Ils sont très-nombreux et sembl

---

(1) Cette sécrétion est si abondante, que lorsqu'on laisse quelque temps la plante dans un sceau d'e
pour qu'elle se dégage de tout principe salin, l'eau devient muqueuse au point de filer presque comme
blanc d'œuf : il en est ainsi pour tous les *Laminaria digitata*. Les échantillons de Terre-Neuve
conservé cette propriété après huit années de dessication.

isséminés sans ordre dans un parenchyme concret assez homogène et de couleur blan-
hâtre, qui reste à découvert quand la couche de grains en séries vient à se trouver détruite.
es grains me paraissent un autre mode de fructification qui correspondrait aux séminules
nées de la fronde du *L. Longicruris*.

EXPLICATION DES FIGURES.

Fig. I. La plante entière.

F. II. Portion de la fronde avec des grains par séries.

F. III. Autre fragment avec les grains transformés sans doute en fructifications.

F. IV. Autre fragment offrant les grains anguleux.

10° LAMIN. A BANDES ÉTROITES.   LAMIN. STENOLOBA [Pl. 10.]

L. stipite brevi minuto æqualiter cylindrico ; fronde multifida, basi rotundata
nunquam cordata, olivaceo-virescente, laciniis latitudine numeroque varian-
bus, atque per frondem transversam sub gradatim profundiùs incisis.

stenoloba, DIP. 1825, annal. sc. nat. v. 4, p. 78, t. 9, f. k., apud auct. sub *L. digitata. Fuc. bifidus*,
Gmel. fuc., p. 201, tab. 29, f. 2, hujus plantæ, forsan status peculiaris.

Cette Laminaire habite, ainsi que la précédente, la côte de Terre-Neuve et des îles voi-
es : je ne l'ai recueillie que rejetée le long du rivage vers l'équinoxe d'automne, mais assez
ondamment pour qu'on puisse la juger comme très-répandue dans les profondeurs de
céan.

Quoique distincte de l'autre plante par sa couleur et sa forme, l'analogie qu'elle présente
c elle par son stipe court, et sa consistance, ne me l'avaient fait d'abord considérer que
mme une variété : mais, en observant la texture de sa fronde avec un microscope, j'ai re-
rqué une différence d'organisation qui, jointe à ses caractères distinctifs, m'a déterminé à
présenter comme espèce particulière.

Lorsque cette Laminaire se trouve dans ses petites dimensions, son stipe n'a que 3 centi-
tres de longueur sur 3 millimètres de grosseur, et la fronde se partage en 2, 3 ou 4
ières plus ou moins larges, quelquefois de forme un peu lancéolée ; alors la plante n'a que
lécimètres de longueur totale, sur une largeur qui varie depuis 9 jusqu'à 14 centimètres :
is lorsqu'elle atteint ses plus grandes proportions, c'est-à-dire une longueur de 5

décimètres, le stipe est long de 7 centimètres, gros de 6 millimètres, et la fronde pre
une extension de 2 décimètres et demi à 3 en largeur dans sa partie moyenne; elle se trou
alors partagée en 9 ou 10 lanières, dont la largeur varie d'un centimètre et demi jusqu'à
et demi au plus, et qui sont souvent un peu resserrées à leur origine. Au reste, quel q
soit l'état où elle se présente, cette espèce est caractérisée, 1° par la base de sa fronde
est simplement arrondie, et même un peu cunéiforme par l'effet de la dilatation du somm
du stipe; 2° parce que ses lanières, au lieu de commencer au même niveau ou à peu pr
ont leurs divisions incisées de plus en plus profondément, depuis un des côtés de la fron
jusqu'au côté opposé, ce qui produit une irrégularité dont je ne connais encore que ce s
exemple; 3° parce que la texture observée au microscope, présente ses grains en séries n
niliformes éminemment distinctes, caractère qui manque en quelque sorte dans l'état adu
de l'autre Laminaire; 4° enfin, parce que sa couleur est d'un vert-olivâtre et non pas au
rembrunie.

Parmi les variations de forme que nous offre cette hydrophyte, je ne dois pas omet
un échantillon dont la fronde, divisée en trois lanières principales, se trouve resser
d'une manière conique à sa base; et un autre individu seulement quadripartite quoique
grande dimension, dont une de ses lanières latérales se trouve partagée de la suivante
une fente qui se prolonge presque jusqu'au sommet du stipe.

OBSERVATIONS MICROSCOPIQUES.

Les diverses portions de sa fronde m'ont toujours présenté les grains de la couche su
ficielle par séries moliniformes, qui sont flexueuses et rapprochées deux à deux le plus s
vent sur les frondes les plus minces, c'est-à-dire les plus jeunes. Ces grains sont globuleux,
un peu déprimés, diaphanes, tous contigus dans chaque série, où ils sont quelque
géminés eux-mêmes, quand deux grains accolés ensemble s'établissent au-dessus d
plus volumineux. Il arrive aussi que les séries se trouvent interrompues par l'inflexion d
ligne vers une autre, et par la diminution du volume des grains dont elles se composent réci
quement. Mais l'état géminé et flexueux de ces séries n'existe si manifestement que dan
jeunesse de la plante, puisqu'un fragment extrait d'un individu plus grand et plus robu
nous les présente plus rectilignes, outre qu'elle n'y sont même plus géminées distinctem
se rapprochant entre elles d'une manière assez uniforme. La fronde ayant pris aussi
épaisseur plus considérable, acquiert par conséquent une opacité relative.

EXPLICATION DE LA PLANCHE.

FIG. I. La plante entière.

F. II. Portion de la fronde offrant les grains par séries géminées.

F. III. Autre portion dans un âge plus avancé.

C'est à cette plante sans doute que l'on peut rapporter, comme variété, le *Fucus bifidus* recueilli par Steller dans la mer du Kamtschatka, et qui est décrit et figuré dans Gmelin. Cette Laminaire ne paraît différer de celle de Terre-Neuve que par sa fronde beaucoup plus longue (6 - 7 *ulnaris*), seulement bifide à son sommet, et par les fibres rampantes et très-épaisses qui constituent sa racine.

APPENDICE.

Je m'empresse de compléter et de rectifier ce que j'ai dit sur les Laminaires en général , par les observations suivantes : elles résultent des obligeantes communications que je viens d'obtenir de M. Mertens, au retour de son voyage autour du monde sur le vaisseau russe le *Senjävine*, commandé par le capitaine Lütké.

Je pense qu'on peut considérer les Laminaires, que nous venons d'indiquer dans cette Flore, comme composant à-peu-près toutes les espèces de la côte orientale du continent américain, située sous le climat de la zône glaciale : mais nous ferons observer, relativement à certaines d'entre elles, un fait bien remarquable dans leur répartition géographique sur le globe terrestre, et qui nous démontre d'une manière évidente, que les mêmes formes végétales suivent souvent d'autres lois qu'une distribution conforme à la ligne des méridiens, lors même qu'un ensemble de circonstances semblerait propre à déterminer de rechef la naissance de l'espèce. Ayant vu au Cap-de-Bonne-Espérance, le stipe du *Lam. buccinalis* se gonfler et devenir concave intérieurement, c'était dans les mers d'Europe que nous devions nous attendre à la répétition d'une pareille structure; mais elle y manque complètement, et c'est sous le climat de la partie nord de l'Amérique septentrionale que l'Océan nous en reproduit exclusivement le type.

M. Mertens vient d'ajouter à nos deux *Laminaria longicruris* et *caperata* qui présentent cette conformation particulière, une nouvelle espèce qu'il a recueillie sur la côte nord-ouest de l'Amérique, par 57 degrés de latitude, et qui lie la SECTION des *Lam. saccharina* avec celle du *Lam. digitata* des auteurs. Cette thalassiophyte fort remarquable se distingue de ses affines, parce qu'au lieu d'être unifronde, le sommet

du renflement qui termine son stipe nous offre divers faisceaux de lanières, réunies plusieurs ensembl
sur une espèce de pétiole fort court et comme dichotome. Toutes ces lanières sont uniformes, linéaires
étroites, sans plis marginaux, et pour lors analogues à celles du *Lam. digitata*. La plante se distingu
encore de ses analogues par le renflement de son stipe, qui est en cône inverse très-alongé et si brusqu
ment arrondi à son sommet, qu'il y paraît même presque comme tronqué. En ajoutant les 4 à 7 mètr
composant la longueur du stipe, à celle des lanières qui est de 6 à 7, le végétal atteint ainsi jusqu
12 mètres de longueur totale. Je m'empresse de payer le tribut de la juste reconnaissance à laquel
M. Mertens vient d'acquérir de nouveaux droits auprès des botanistes, en consacrant à sa mémoire cet
Algue curieuse, sous le nom de *Lam.* MERTENSII.

J'avais considéré comme purement accidentelle, une torsion longitudinale qu'on observe assez souve
dans la fronde du *Lam. agarum* de Terre-Neuve et des îles voisines; mais le voyage de M. Mertens m
fourni la preuve par une espèce congénère, haute de 1 mètre à 1 mètre ½, et recueillie sur les côtes d
Kamtschatka, que cet état contourné résulte d'une tendance, par laquelle ces espèces simples et unifrond
se nuancent avec la nouvelle, rapportée par l'expédition russe. Dans cette dernière Laminaire, le tro
et ses principaux rameaux qui sont tous tordus sur eux-mêmes, se terminent chacun par une fronde fl
belliforme, sans côte médiane, et dont les trous, au lieu d'être circulaires, ainsi que dans les autr
Agarum, sont de forme alongée. L'absence d'une nervure, ou côte médiane, infirme alors le genre q
nous croyons pouvoir établir sous le nom de NEUROPHORE, puisque cette nervure manque dans les espèc
qui ont entre elles la plus grande affinité.

L'on avait pensé jusqu'à présent, que la côte médiane restait très-uniforme au milieu de la fronde d
Laminaires-Neurophores; mais une nouvelle espèce, dont nous devons aussi la découverte à M. Merten
nous présente cette nervure sous une apparence comme rubanée, en ce qu'elle se compose d'une côte co
vexe, placée au centre d'une bande plate, qui est limitée de chaque côté par deux lignes parallèles ass
rapprochées. Quoique cette hydrophyte se distingue encore du *L. Muscæfolia* par des pinnules linéaire
obtuses, elle se rapproche de celle-ci par la somme de tous ses autres caractères.

Nous ne terminerons point ces considérations, sans indiquer que le *Lam. Pylaii*, fort rare à Terr
Neuve, se trouve en assez grande quantité sur le littoral du Kamtschatka; que ces parages produisent d
verses modifications fort singulières du *L. digitata* des auteurs, ainsi que des *Agarum* analogues à ce
de Terre-Neuve. Parmi les variétés de ceux-ci, j'ai retrouvé l'espèce que j'ai dédiée à Bory de St.-Vi
cent, mais plus grande que dans l'échantillon d'après lequel je l'ai décrite, et cordiforme à la base de
fronde.

C'est enfin avec bien du plaisir, que je peux annoncer aux botanistes de grands avantages que la scien
va retirer du voyage de M. Mertens : j'y trouve même pour cette Flore celui de pouvoir rectifier l'erre
que j'avais commise en croyant devoir établir que les Laminaires de l'hémisphère austral étaient exclu

vement rameuses, et celles de l'hémisphère boréal pourvues au contraire d'un stipe toujours simple. Mais le nouvel *Agarum* que rapporte l'expédition, détruit cette présomption, en me faisant en outre juger par ses frondes sans nervure, toute l'inconvenance du mot Neurophore, que je proposais comme générique. Je lui ai substitué celui de myriotrème, déduit de cette multitude de trous dont la fronde de ces seuls végétaux est toute criblée : j'ai désigné ensuite par le nom de Podoptère les autres Laminaires qui ont leur stipe muni de pinnules latérales. Si l'on ne trouve cette nomenclature que dans le tableau où j'expose la classification du groupe des Laminaires, c'est parce que j'ai mieux aimé le faire réimprimer, plutôt que de conserver les *Lam. agarum* et *esculenta* sous le nom commun de Neurophores.

En remerciant M. Mertens de la complaisance infinie avec laquelle il m'a communiqué la belle collection de dessins, composée sur les objets vivants, recueillis et observés pendant un voyage de trois années, je saisirai cette occasion pour apprendre en même temps aux naturalistes que toutes les figures sont dues à M. Postels, peintre de l'expédition : elles ont été exécutées avec toute la fidélité qu'on devait attendre d'un habile pinceau, sous la direction d'un savant naturaliste.

2° FUCACÉES PROTOTYPES.   FUCACEÆ VERÆ

Fucoidearum pleraque genera, Ag. sp. Alg. : Fuci spec. Linn. Lamck. Decand. Lam'.

CARACTÈRE.

RACINE. Un tubercule en écusson conique, d'une nature presque cornée ainsi que les parties inférieures de la plante : quelquefois muni de côtes saillantes, comme s'il n'était qu'une agglomération de racines soudées ensemble des racines fibreuses dans le seul *Furcellaria*.

TIGE et FRONDE. Elle se présente sous trois formes distinctes :

1° Elle reste cylindrique, grêle, et se trouve munie de rameaux de même forme, diffus, rarement distiques, pourvus de FEUILLES tantôt uniformes partout, planes, et portées sur un pétiole qui se renfle lui seul en une vessie aérifère; tantôt réduites sur les rameaux à un état aciculaire ou cylindracé, filiforme fructifères à leur sommet, et présentant des vésicules innées plus ou moins nombreuses :

2° Bientôt elle devient comprimée au-dessus de sa base, se trouve quelquefois vésiculeuse par intervalles, se partage sur un seul plan en dichotomies qui s'effacent, ou traversent en forme de nervure longitudinale, l'expansion continue qui remplace le feuillage proprement dit, et constitue la FRONDE : celle-ci nous présente quelquefois des *Vésicules aérifères* innées, et se trouve le plus souvent parsemée à sa superficie, de petites *Houppes de filaments confervoïdes* qui tombent à une certaine époque de la vie du végétal.

3° La tige n'est très-rarement qu'un jet aphylle, uniforme, dichotome, plan ou cylindrique, fructifère à ses sommités.

FRUCTIFICATION. En CONCEPTACLES solitaires ou aggrégés, axillaires ou terminaux, distincts ou continuant la fronde; lisses, et toujours clos dans le seul
Turcellaria; se trouvant tuberculeux dans toutes les autres Fucacées, par la protubérance que déterminent extérieurement les *Loges séminifères* contenues dans
leur cavité interne : ces loges toujours ouvertes par un pore apicilaire qu'on
nomme *Ostiole,* et par lequel s'opère la dissémination.

Graines en SÉMINULES pariétales, oblongues ou pyriformes, composées d'un
spermoderme diaphane, renfermant une masse opaque de petits grains bru-
âtres; très-souvent revêtues d'une *Tunique* hyaline, et fixées ordinairement par
un petit funicule ou PODOSPERME diaphane sur le pourtour de la loge, lequel
constitue leur PLACENTAIRE.

APPAREILS ACCESSOIRES. Ils consistent 1° en *Sétules syncarpiennes (Setulæ syn-
carpeæ),* ou filaments très-déliés, souvent dichotomes, à cloisons non saillantes,
réunis plusieurs ensemble et placés immédiatement auprès des séminules, et
même insérés le plus souvent sur l'espèce de petite souche d'où sort le Podosperme: 2° en *Mycrophytes (Mycrophytæ),* ou espèces de petites végétations rameuses, fixées également par leur base sur la paroi de la loge, et qui ont à
elles seules l'aspect d'une plante complète, par leurs articles en forme de frondules partielles, qui nous rappellent, par la manière dont elles sont implantées,
les *Cactus opuntia* et affines : mais ces Microphytes manquent dans beaucoup de
Fucacées : 3° les *Filaments complémentaires (fila impletoria)* sont de deux sortes,
toujours moins grêles que les sétules syncarpiennes; leur ensemble compose
une masse entremêlée qui occupe le centre de chacune des loges : tantôt ils
consistent en filaments polychotomes, à courtes articulations sans cloisons
saillantes, et tantôt ils nous offrent de longs articles séparés par des cloisons en
forme de petites Clavettes ou barres transversales, qui s'étendent beaucoup de
chaque côté en dehors du filament : nous distinguons cette structure très-
particulière par le nom de Filaments à clavettes *(fila clavellata).*

VÉGÉTATION. Plantes offrant, ainsi que les Laminariées, une texture extrêmement solide et presque cornée, très-flexibles dans l'état de fraîcheur, tenant perpendiculaires ou inclinées; constituant la plupart les plus grand hydrophytes après les Laminaires, vivant très-rapprochées de la superficie d eaux, et même un très-grand nombre paraissant exiger alternativement l'i fluence immédiate de l'eau, ou de l'air atmosphérique : fructifiant ou penda l'hiver, ou bien au printemps, et complétant pendant l'été la dissémination leurs graines. A l'époque qui précède la fructification, la fronde, chez certain espèces, acquiert une couleur plus vive que pendant le reste de leur existen

COULEURS. Le rouge, les nuances pourprées, ainsi que le beau vert, ne rencontrent jamais dans ces végétaux : ils ont une teinte olivâtre, d'un vert son bre ou quelquefois jaunâtre : la couleur jaune est même très-vive assez fréquer ment sur la *Fuc. tuberculatus.* La nuance olivâtre se rembrunit au contraire noircit par la dessication, ainsi que par l'influence des eaux douces chez espèces qui croissent à l'embouchure des fleuves et des rivières.

DURÉE. Végétaux vivaces, et dont l'existence se prolonge d'une manière i déterminée; mais dans certaines espèces, son terme arrive à l'époque où tout les parties supérieures ont produit des fructifications, tous ces rameaux fruc fères se détériorant et se détruisant successivement après la maturité des co ceptacles. C'est pour ce motif que le *F. loreus* , Lin., ne peut être qu'une espè annuelle.

HABITATION. La plupart des espèces croissent sur les plages que la m découvre en se retirant; et tandis que celles-ci restent toujours fixées aux roche les nombreuses espèces de Sargasses paraissent se rompre spontanément pc venir continuer leur vie en masses flottantes à la superficie des eaux. Un pe nombre, tels que les *Lichina confinis, pygmœa ;* les *Fucus canaliculatus,* e se tiennent le long de la côte, à un degré d'élévation où ils ne se trouvent peu de temps submergés par la haute mer : quelques autres se rencontrent se lement à l'embouchure des rivières, et se répandent le long de leurs cours, j ı'au terme où remonte l'eau salée. Du reste, la propagation des Fucacées ⸱roprement dites semble avoir pour limite le terme supérieur de la région des ⸱aminaires.

CONSIDÉRATIONS GÉNÉRALES SUR LES FUCACÉES.

Le groupe des Fucacées Prototypes renferme, ainsi que celui des Laminariées, des végé-ıx qui sont très-différents les uns des autres, et dont les formes plutôt que les caractères la fructification ont également nécessité la subdivision en genres particuliers. Ces genres ⸱ut actuellement au nombre de 8, et ne peuvent être moins nombreux pour les 13o es-ɔes de Thalassiophytes qu'ils comprennent. Nous ferons observer relativement à la dis-⸱bution de toutes celles-ci, sous le double rapport générique et géographique, que ce sont mers chaudes de la région intertropicale ou des contrées voisines, qui diversifient da-ıtage la forme des Fucacées, et que la multiplication de ce type de végétaux éprouve ⸱uite un décroissement par tiers, sous le rapport du nombre des espèces, en raison du ⸱roidissement des eaux. Ce serait du moins la conséquence que nous pourrions tirer du nbre 6o auquel se montent les espèces des Sargasses connues, et qui ne croissent que ⸱s la zône torride : du nombre 4o qui est celui des Cystocères, lesquels n'existent que sous ⸱limat de transition de cette zône à la région tempérée proprement dite; enfin des 2o èces dont se compose le genre Fucus. Celles-ci ne descendent guère au-delà de la région ⸱yenne des deux zônes tempérées, et constituent à elles seules, sur les côtes de la partie froide globe, peut-être la moitié ou même les deux tiers de la totalité de la végétation péla-ıe, par la répétition des individus de chaque espèce. Les 5 autres genres qui complè-⸱ la Tribu, ne renferment plus qu'une, deux ou trois plantes : ils appartiennent exclu-ment aux mers froides et tempérées, et nous offrent des espèces, surtout les Halydries ⸱es Pantocarpes, qui se répandent sur les deux hémisphères.
⸱i les genres *Halidrys*, *Pantocarpus*, *Lichina*, *Siliquaria*, *Furcellaria*, se trouvent émi-⸱ment distincts, nous avons à regretter que les *Sargassum*, *cystoscira* et *Fucus* ne nous ⸱ent plus entre eux des caractères aussi tranchés : ils forment dans cette tribu un groupe ⸱ar des rapports si intimes, qu'il serait plus juste peut-être, de les considérer seulement

comme sections d'une association purement générique, que de répartir cette somme de
gétaux en trois genres particuliers, puisque leur mode de fructification est à-peu-près id
tique : mais comme chez les algues, tout ce qui concerne le système de reproduction
simplifié, les caractères déduits de la végétation des espèces acquièrent en conséquence
plus grande importance que chez les végétaux cotylédonnés, et c'est d'après cette base
nous maintiendrons ces trois groupes comme genres, le port établissant entre ces hy
phytes une distinction fort remarquable.

Quant aux rapports de cette tribu avec la précédente, il y a une affinité bien émin
dans la nature du végétal, dans l'organisation de la fronde et sa consistance robuste, d
les couleurs dont il se nuance. L'état vésiculeux des Laminaires-Macrocystes devient m
le passage avec les Fucacées vésiculeuses, auprès desquelles se rangent les *F. serratus* don
feuilles sont dentelées en scie, comme celles des Macrocystes. En outre, les côtes sailla
de l'écusson radical de ce *Fucus,* en rappelant les racines branchues des Laminaires, s
bleraient annoncer ou que ce serait uniquement par la soudure de leurs ramifications qu'
formeraient ici une masse indivise, ou bien simplement le passage d'une forme à l'a
Mais ces deux tribus n'ont aucune analogie quant leur fructification; ici les appareils
beaucoup plus compliqués et les séminules des Varecs ne diffèrent pas moins de celles
Laminaires par leur forme que par leur structure.

Si nous considérons maintenant l'appareil reproducteur des Fucacées dans ses rapp
généraux avec les autres plantes, nous observerons que la fructification s'opère d'une
nière incluse, comme celle des plantes cotylédonnées qui se trouvent réduites à fructifier
les eaux : mais ce n'est qu'un rapport de conformation, et le seul qui existe entre les c
classes, relativement à cette partie du végétal. En descendant ensuite dans une série o
sexualité ne se rencontre plus qu'à l'état rudimentaire, chez les Mousses, nous reconnaît
sur-le-champ une analogie bien établie, entre l'appareil reproducteur de la tribu qui nous
cupe et celui de l'autre famille, par la présence de nombreux filamens articulés, don
organes sexuels des Mousses sont également accompagnés. Mais la sexualité manquant
les Varecs, ces mêmes filamens se trouvent alors placés immédiatement auprès des S
nules, et viennent établir une affinité marquée entre ces deux grandes familles, sous le
port de la fructification.

L'identité de nature que nous remarquons chez toutes les Fucacées détermine aussi
des conditions requises pour leur existence. Tous ces végétaux semblent avoir un besoin
ticulier de l'action de l'air athmosphérique, d'une lumière vive, d'une température varia

qui est celle des eaux superficielles : les uns habitent en conséquence ces plages pierreuses que la mer abandonne en se retirant, pendant un temps plus ou moins considérable : si d'autres vivent constamment submergés, tels que les Cystocères des petites flaques éparses sur les plateaux des rochers, il ne faut pas oublier que par le peu de profondeur du point où ces sortes de végétaux s'enracinent, ils se trouvent encore là comme à la superficie des eaux : d'autres espèces enfin, telles que les nombreuses Sargasses, naissent à des profondeurs sans doute très-considérables, mais étant pourvues d'une multitude de vésicules aérifères, le volume de celles-ci détermine un soulèvement ou traction toujours croissante par leur multiplication successive, et qui ne tarde pas d'acquérir une force capable de rompre leur tige, toujours fort grêle. C'est de cette manière que ces plantes arrivent par myriades des profondeurs de l'Océan, à sa surface, et forment ces bancs immenses qui flottent sur chaque hémisphère, particulièrement dans le voisinage des Tropiques.

Mais tandis que ces Thalassiophytes ne se trouvent jamais privées du contact des eaux salées, toutes les grandes espèces littorales restent plus ou moins de temps complètement abandonnées par la mer, autour des côtes : et comme ces Fucacées disparaissent au-delà du point du maximum de l'abaissement des marées, nous pourrions en conclure qu'il est dans les conditions de leur végétation, de se trouver soumises à une alternative des eaux de l'Océan et de l'air athmosphérique. Peut-être pourrions-nous même présumer que les vésicules dont plusieurs espèces se trouvent pourvues, auraient pour objet de suppléer par l'air qu'elles contiennent, à l'action de l'atmosphère, pendant tout le temps que dure leur submersion.

J'avoue que ce n'est pas sans répugnance que j'ai associé, dans le tableau qui suit, la Furcellaire à la tribu des Fucacées : je ne l'ai fait que parce que je ne vois point dans toute la famille des Algues, aucune autre place qui lui soit plus convenable.

Quant à leur position sur le sol, toutes les grandes espèces restent étendues les unes sur les autres, une fois qu'elles ont été abandonnées par la mer, en raison de la longueur et de la souplesse de leurs tiges; mais étant submergées, les Halidryes ainsi que le *Fucus vesiculosus* se tiennent perpendiculaires par la présence de leurs vésicules aérifères : plusieurs Cystocères sont verticaux, tels que les *C. Ericoides, fibrosa*, etc.; il en est ainsi du long *Fucus loreus*. Lin. dont les dichotomies entremêlées, prennent le plus souvent une disposition contournée en spirale, quand il croît dans des golfes où la mer est paisible.

Quoique ce soit sortir des bornes de notre flore, que de présenter le tableau général de toutes les Fucacées prototypes, je l'ai fait dans l'intérêt de la science, afin que l'on jugeât mieux l'ensemble et l'importance relative que peuvent avoir les Algues de Terre-Neuve.

TRIBU DES FUCACÉES.

2° FUCACÉES PROTOTYPES.

Plantes vivaces, d'une TEXTURE fibreuse, tenace et fort solide, très-flexible, mais devenant presque cornée dans l'état de [dessi]cation : RACINE indivise en un *Ecusson* orbiculaire, sur lequel on rencontre quelquefois des côtes proéminentes et rayonna[ntes] comme s'il n'était qu'une agglomération de racines soudées ensemble. TIGE ou FRONDE d'un port très-variable, souvent dichot[ome] quelquefois à rameaux distiques : aphylle ou munie de feuilles distinctes ; portant à certaines époques de petites houppes de S[oies] confervoïdes : souvent munie de *Vésicules* aérifères, solitaires ou disposées par séries. FRUCTIFICATIONS en *Conceptacles* renfer[mant] des loges séminifères éparses, plus ou moins nombreuses : *Séminules* pyriformes, ovales ou orbiculaires, souvent enveloppées [d'un] spermoderme diaphane, et accompagnées de filaments confervoïdes articulés, simples ou bifurqués : ces loges toujours m[unies] d'un *Ostiole* ou pore apicilaire, par lequel s'opère la dissémination. La durée de ces végétaux est toujours fort longue, et [la] couleur olivâtre ou tirant sur le jaune.

Fuci gen. Lin. spec. præsertim majores.	CARACTÈRES DIAGNOSTIQUES.	GENRES ET LEUR TYPE
Plantes pélagiennes, polymorphes : couleur jamais rouge ni violette, ni d'un beau vert. — **Fronde à feuilles distinctes.** — Feuilles d'une seule espèce…….	Tige et rameaux cylindriques, feuilles pétiolées : les vésicules solitaires, pétiolées, souvent mucronées ou terminées par une feuille. Conceptacles axillaires ou terminaux, ordinairement réunis en grappe…	1° SARGASS[UM] *Sargassum.* S. bacciferu[m] Ag. spec. A[…]
Fronde à feuilles distinctes. — Feuilles de deux sortes…… — Rameaux ordinairement diffus……	Feuilles inférieures planes, sans vésicules, le plus souvent munies d'une nervure : les supérieures filiformes, devenant toruleuses par la présence de vésicules internes, ordinairement en série. Conceptacles terminant ces feuilles vésiculeuses, quelquefois pédiculés et moliniformes………………	2° CYSTOC[IRA] *Cystoscira.* Fucus concate[natus] Lin. sp. p[l.]
Feuilles de deux sortes…… — Rameaux distiques.	Fronde à rameaux alternes ; munie dans sa jeunesse de feuilles planes, linéaires : les caulinaires remplacées sur la plante adulte par des vésicules ou appendices aérifères siliquiformes, cloisonnés intérieurement. Conceptacles analogues à ceux-ci, mais non cloisonnés, et situés vers l'extrémité supérieure des rameaux………………	3° SILIQUAR[IA] *Siliquaria. S[…]* Fucus silique[…] Linn.
Fronde aphylle.. — Conceptacles multiloculaires. — Composant toute la fronde………	Un disque orbiculaire, porté sur une petite tige cylindrique et duquel sort un réceptacle frondiforme linéaire, polychotome, comprimé ; lequel constitue le reste du végétal………………	4° PANTOCA[RPUS] *Pantocarpus* Fucus lore[us] Linn.
Conceptacles multiloculaires. — Terminaux et continuant les divisions de la fronde……	Fronde avec présence ou absence d'une nervure longitudinale et de vésicules innées, n'occupant qu'une partie de sa largeur : conceptacles sessiles, ordinairement pointus, assez souvent bifides…………	5° VARE[C] *Fucus. A[…]* Fuci spec. veterum
Conceptacles multiloculaires. — Latéraux et pédonculés………	Fronde sans nervure, munie de grosses vésicules qui en occupent toute la largeur et la rendent noueuse : conceptacles pédonculés, très-obtus, toujours entiers…………	6° HALIDR[YS] *Halidrys. L[…]* Fucus nodo[sus] Linn.
Conceptacles uniloculaires.. — Globuleux et ouverts par un ostiole qui sert à la sortie des graines………	Végétaux lichénoïdes, très-petits, à fronde plane ou cylindrique, dichotome, sans nervure : conceptacles s'ouvrant en forme de scutelle après la dissémination, ou restant de forme globuleuse…………	7" LICHI[NA] *Lichina. [...]* Fucus pyg[maeus] Turn.
Conceptacles uniloculaires.. — Toujours clos et cylindriques : la dissémination s'opérant par la destruction du fruit……	✱✱✱✱✱✱✱✱✱✱✱✱✱✱✱✱✱✱✱✱✱✱✱✱ Plante étrangère à cette tribu par des racines fibreuses, et le mode particulier de sa fructification : tige ou fronde cylindrique, dichotome…………	8° FURCELL[ARIA] *Furcellaria.* Fucus lumbri[calis] Gmel.

N'ayant pu suivre l'ordre des affinités dans la distribution dichotomique du tableau, nous
rectifions de la manière suivante: 1° *Fucus*, 2° *Sargassum*, 3° *Cystoseira*, 4° *Siliqua-
ia*, 5° *Halidrys*, 6° *Pantocarpus*, 7° *Lichina*, 8° *Furcellaria*. Comme le *Fuc. turbinatus*
in. ne diffère des *Sargassum* proprement dits, avec lesquels il a été classé par Agardh, que
ar l'absence des feuilles et la forme conique ou turbinée de ses vésicules aérifères, nous
'avons point admis le genre *Turbinaria* érigé pour cette espèce par Bory de St.-Vincent.
ous devons faire observer néanmoins, que cette structure exclusive présente à peu près la
ême valeur que les caractères d'après lesquels le genre *Halidrys* se trouve composé avec
F. nodosus* de Linné.

PREMIER GENRE.

VAREC. FUCUS.

Fucus Ag. spec. Alg. : Fuci spec. Linn. Lamk. De Cand. Lam*.*

CARACTÈRE.

RACINE indivise, constituant un tubercule en écusson, conique, ou sim-
lement convexe.

TIGE ET FRONDE. Un tronc fort court, cylindrique, devenant bientôt plane,
se partageant en segments dichotomes qui constituent la FRONDE, étalés sur
n seul plan, et au milieu desquels le tronc se prolonge assez souvent sous la
rme d'une côte ou nervure longitudinale. Cette fronde se trouve d'un vert
ivâtre, ou rembrunie, quelquefois jaunâtre, et fréquemment parsemée de
tites houppes de *Cils confervoïdes*, caducs à certaines époques de la vie du
gétal : elle nous présente aussi dans certaines espèces des *Vésicules aérifères*,
ntôt géminées, tantôt solitaires, et placées à l'aisselle des bifurcations.

FRUCTIFICATION le plus souvent terminale et continuant la fronde-
rement latérale et comme pédonculée; elle consiste en *Conceptacles* cylindra-

cés ou elliptiques, plus ou moins comprimés, devenant tuberculeux par la pr-
tubérance de la *Loge séminifère* : le sommet de celle-ci est toujours muni d'u
Ostiole par lequel s'opère la dissémination. Les *Séminules* pariétales ordinair
ment, enveloppées d'une *Tunique* hyaline, et accompagnées de Sétules synca-
piennes et de Microphytes : celles-ci remplissent quelquefois seules la cavi
séminifère : des filaments à clavettes, ou autres selon les espèces, occupe
l'intérieur du conceptacle entre les loges séminifères.

VÉGÉTATION. Algues fort tenaces, présentant une texture solide et presq
cornée, néanmoins très-flexibles dans l'état de fraîcheur, d'un accroisseme
rapide, munies de fructifications qui naissent pendant l'hiver chez les grand
espèces, et opèrent la dissémination de leurs graines dès le printemps suivar
et pendant le cours de l'été.

DURÉE. Plantes très-rarement annuelles, douées en général d'une existen
susceptible de se prolonger plusieurs années.

HABITATION. Sur les plateaux de rochers qui confinent à la côte, et
découvrent à peu près à toutes les marées; les grandes espèces y occupant so
vent à elles seules, pour ainsi dire, des espaces fort étendus : quelques-un
n'existant qu'au confluent des eaux douces.

CONSIDÉRATIONS GÉNÉRALES SUR LES VARECS.

Si les Laminaires abondent dans les mers boréales au point de former des espèces
forêts sous-marines, vers le degré de profondeur où s'arrête la végétation des autres Tha
siophytes, les Varecs proprement dits composent à leur tour, sous les mêmes latitudes,
masse dominante des végétaux du même ordre, dans la région supérieure des plages
bordent l'Océan. Mais moins sensibles à l'action d'une chaleur plus élévée, ils desc
dent des mers glaciales jusqu'à la Zone tempérée australe, où ces sortes de plantes, di
nuées dans toutes leurs proportions, se changent en Cystocères, dont on trouve quelq

pèces entre les Tropiques, et en Sargasses ou Raisins-de-mer, qu'on peut considérer comme
s Fucus de la Zone torride.

J'ai remarqué, à Terre-Neuve comme en France, que les Varecs manquent aux extrémités
e ces caps qui s'avancent en pleine mer, et dont le rocher s'enfonce perpendiculairement
us les eaux. Ce fait résulte de ce que ces lieux, étant trop violemment battus par les flots,
s séminules répandues dans l'Océan, se trouvent enlevées tout aussitôt qu'elles ont été dé-
osées à la superficie de la pierre.

Les Varecs semblent se plaire particulièrement autour des golfes dont les plages nous offrent
es plateaux de rochers qui remontent graduellement vers le rivage, et sur lesquels ils ne sont
couverts que par une masse d'eau peu considérable. Là ils peuvent recevoir une lumière en-
re assez vive, et la mer sans y être aussi impétueuse que sur les côtes extérieures, y con-
rve néanmoins une agitation continuelle, qui paraît une des conditions indispensables à
ur existence. Nous ajouterons à cette condition, que le degré d'élévation de ces localités doit
s rendre susceptibles d'être découvertes par les eaux, presqu'à chaque marée.

Toutes les parties du rivage qui réunissent ces données, sont jonchées de Varecs depuis la
er glaciale jusqu'à la partie moyenne de la Zone tempérée; et lorsqu'on a dit que cette couche
végétaux paraissait destinée à protéger la limite du bassin des mers, en amortissant la va-
e qui vient se briser contre les rochers, je me suis convaincu que, pendant les tourmentes
les eaux ont le plus d'impétuosité et où cet état de choses serait le plus nécessaire, le degré
lévation où la mer parvient alors, n'expose à la fureur des flots que les parties de la côte
périeure à la station de ces hydrophytes.

Si les Fucus n'ont jamais ces couleurs brillantes par lesquelles un si grand nombre
thalassiophytes attire nos regards, les espèces qui nous occupent sont du moins sus-
ptibles, par leur consistance robuste, d'exister nombre d'années : tous ont une couleur plus
moins sombre, comme olivâtre, qui passe au jaune quelquefois même assez clair, selon
espèces, selon les périodes de leur végétation, ou le degré de profondeur auquel ils
issent sous l'Océan. Comme les plages qu'ils habitent, restent toujours à découvert lorsque
mer s'est retirée, ces plantes ont été les premières que l'homme ait remarquées, en raison
leur taille jointe à la solidité de leur texture : elles sont en outre devenues pour lui,
leur abondance, une ressource sous divers rapports. L'agriculture en obtient un excel-
t engrais; les arts en retirent quantité de soude par la combustion, et l'iode dans le
port de 4 pour cent. Ce sont particulièrement les grandes espèces connues le long de
côte de France, sous les noms de Varec, Sar ou Gouesmon, qu'on emploie à ces usages,

et elles ont été l'objet de règlements relativement à l'époque où l'on en peut faire la *Coup*
c'est-à-dire la récolte la plus avantageuse. Les femmes et les enfants vont les couper à mar
basse et les étendent ensuite sur les galets, le long du rivage au-dessus de la plus gran
élévation des eaux. Là, on laisse ces plantes exposées à la pluie et à la rosée pendant 1 à
mois, afin qu'elles puissent se dessaler complètement; puis on les ramasse après ces bel
journées où l'ardeur du soleil les a mises dans un état de dessication parfaite. Toute ce
provision est déposée dans un cellier voisin ou dans le grenier de la maison même, a
qu'elle soit à proximité chaque fois qu'on a besoin de feu. En brûlant, ces végéta
donnent une chaleur très-vive, mais qui ne dure qu'un moment : leur masse consomm
presqu'aussitôt qu'elle s'allume, exige qu'on ait la peine d'alimenter le feu, en ajoutant sa
cesse de nouvelles poignées de ces Varecs, qui ne cessent de pétiller lorsque le *Fucus vesi*
losus abonde parmi le *F. serratus.* Ces espèces jettent une flamme courte, pâle, assez a
logue à celle des liqueurs spiritueuses, et donne de même au visage une couleur livide. La fun
qui se dégage est blanche, épaisse et abondante. Quand l'air est calme, le groupe d'habi
tions de l'île de Sein est comme enveloppé dans un brouillard fétide formé par cette fum
que j'ai sentie, étant sous le vent, à une lieue de distance de ses côtes. Elle encroute les che
nées d'une suie compacte, qui s'accumule avec promptitude : mais elle se liquéfie et tom
de tous côtés par gouttes, quand les vents passent au sud-ouest, c'est-à-dire, quand l'humid
succède à la sécheresse. Cette suie conserve elle-même une humidité qui la rend incapable
s'enflammer, ce qui rend les incendies impossibles dans toute la peuplade.

L'organisation de la tige m'a offert sur le *F. vesiculosus*, une écorce extérieure colo
brunâtre et peu diaphane, sous laquelle on remarque une couche cellulaire colorée en b
jaune, entremêlée d'un système vasculaire confus, sans suite, mais dont chacun des pe
filaments tubuleux se trouvent articulés ou plutôt cloisonnés intérieurement. La couleur
cette couche, conjointement avec sa structure, la distinguent de tout l'intérieur, qui
présente plus qu'une seule masse de fibres, de vaisseaux et de cellules disposées s
symétrie, et constituant un gros cylindre blanc, qui se trouve uniforme par la distribut
identique des parties qui le composent. L'état solide des fibres, les rend opaques et l
donne au microscope l'apparence de petits points épars, ce qui ferait croire au premier ab
que la superficie est ponctuée sur toute son étendue. Autour de ces fibres sont placés
vaisseaux, lesquels consistent en canaux d'une très-grande finesse. Le tube des uns me lais
arriver la lumière sans obstacle, tandis que dans les autres elle se trouvait interceptée,
parce qu'ils étaient tortueux ou munis de cloisons transversales. Mais leur place est consta

utour de ces fibres, où la tenuité de ces petits tubes occasionne un cercle d'une plus grande
ransparence que dans les parties voisines.

Toute cette partie ressemble exactement à l'intérieur du tronc des végétaux monocotyle-
onnés; elle occupe plus de $\frac{3}{4}$ du volume de la tige, n'a rien du tout de concentrique, et se
ouve d'une densité uniforme, excepté aux approches du cercle qui la recouvre et qu'on
oit assimiler seulement aux couches corticales, puisqu'il se trouve comme elles immédia-
ment sous l'épiderme. Cette masse interne s'en distingue facilement, outre sa diversité
rganique, parce que sa densité augmente vers la circonférence. La texture de cette partie du
onc devenant alors plus serrée, elle acquiert une plus grande opacité que la couche externe
ont elle est recouverte et que nous nommerons par analogie Corticale. Celle-ci m'a semblé d'une
xture plus lâche et m'a offert diverses lignes rayonnantes vers l'épiderme, peu marquées,
est vrai, qui rapellent les prolongements médullaires du tronc des végétaux ligneux. Mais
s lignes quoique nombreuses, n'existaient que localement, étaient courtes et s'effaçaient
ème dès le milieu de cette couche centrale, malgré son peu d'épaisseur.

Ainsi réduit à son épiderme, à la couche corticale, et au cylindre qui forme tout le corps
la tige, celle-ci renferme un organe de moins que dans les Laminaires. Dans une autre
pèce, le *F. ceranoides*, je n'ai point observé les fibres éparses dans l'axe central.

La texture comme cornée des fibres principales de la tige des Fucus, nous indique suffi-
mment leur longévité; mais ce qui est bien digne de remarque, et semblerait au contraire
irmer cette présomption, c'est la promptitude avec laquelle s'opère l'accroissement de ces
gétaux, puisque dans les contrées où l'on coupe sur les rochers le Gouesmon (les *F. serratus* et
siculosus*), ces plantes au bout de six mois, ont repris leur grandeur naturelle dans les parties
ndues, et pourtant elles étaient tranchées près de leur origine. Je crois néanmoins que le *F. ser-
tus* peut vivre de 3 à 4 ans; mais le *vesiculosus* moins long-temps, sa fronde se détruisant
ez promptement dans les parties inférieures. Au reste ces espèces dichotomes se trouvent
sceptibles de végéter autant qu'elles ne fructifient que latéralement; car le terme de leur vie
it arriver quand elles portent les fruits aux dernières sommités : toute végétation ulté-
ure se trouve alors arrêtée, à moins qu'une force particulière ne détermine de nouvelles
usses latérales.

La fronde des Fucus nous présente la plus grande analogie avec celle des Laminaires, se
mposant comme chez celles-ci, d'une couche superficielle formée de grains rembrunis, le
s souvent disposés par séries flexueuses, quelquefois unies deux à deux ou en plus grand
mbre, et laissant entre chaque association, un intervalle plus transparent que du

côté où elles se joignent les unes aux autres. Les grains sont ou irrégulièrement arrondi
ou un peu alongés, souvent carrés, plus ou moins obscurs et d'une grosseur assez analogu
Sur certaines espèces, ils se réunissent d'une manière uniforme en raison de l'égalité
l'intervalle qui les sépare réciproquement : d'autrefois on les trouve encore, agrégés qua
par quatre, même dans la disposition par séries, ce qui résulte d'un intervalle diaphane,
moyen duquel ces groupes partiels s'isolent des grains qui les avoisinent. Dans tous les
ces grains sont logés chacun, dans les mailles d'un réseau diaphane d'une extrême finess
il les entoure d'une manière si intime, qu'on ne peut reconnaître sa présence qu'aux bo
des déchirures, où les grains renfermés dans ses aréoles, se sont échappés par l'effet de
rupture. Tous ces grains sont perpendiculaires au plan de la fronde et se terminent dans qu
ques Varecs par des espèces de petites chevilles diaphanes et fort courtes, qui descendent ve
calement dans la substance interne.

Sous la couche superficielle on rencontre d'autres grains à peu près de la grosseur
précédents, mais blanchâtres et d'une forme plus irrégulière : ils constituent presque à
seuls cette portion de la fronde, où ils commencent à se trouver entremêlés parmi la ma
filamenteuse qui compose sa partie centrale. Ces filaments sont plus ou moins gros,
posés sans ordre, munis de cloisons peu nombreuses, tortueux, blancs et d'une transpare
complète, à l'aide de laquelle on distingue chez les uns un tube interne plus coloré, qui va
en grosseur et s'interrompt quelquefois, sans même laisser aucune apparence de continu
et chez d'autres une matière finement bulleuse ou utriculaire qui remplit diverses partie
leur longueur, ou s'agglomère çà et là en petites masses amorphes, qui sont éparses et
grosseur inégale : ils suivent au reste dans leur ensemble une direction longitudinale, près
la superficie, ce qui détermine sans doute celle des grains dont se compose la cou
extérieure.

Comme les conceptacles se forment par la continuité de la fronde générale, ils r
présentent la même texture à leur superficie; mais les loges séminifères n'en remplissant
tout l'intérieur, surtout dans les Varecs où ils deviennent gros et gonflés, la partie centra
trouve alors occupée par une masse fibrilleuse ou vasculaire, homogène, composée des
ments à clavettes, ou autres, laquelle s'enlève même avec facilité tout entière, quan
conceptacle est resté pendant quelque temps déposé dans l'eau douce. Les loges séminif
restent ainsi complètement à nud, et paraissent sous la forme de petites verrues hémis
riques, qui ont une couleur brune assez claire. Quelquefois on distingue par leur tra
cidité, les séminules qu'elles renferment; mais dans le *F. spiralis* par exemple, elles

revêtues ou plutôt formées d'une membrane assez solide, homogène et d'un brun un peu jaunatre. L'ostiole placé à leur sommet et par lequel s'échappent les graines, n'est en quelque sorte qu'un simple pore, en raison de la petitesse : il devient d'autant plus remarquable sous le microscope, que les grains de la superficie de la fronde, au lieu de suivre leur direction propre, convergent tous vers lui d'une manière rayonnante, et rendent par leur pression réciproque, son approche plus obscure que les parties voisines.

Outre les filaments que nous avons indiqués ci-dessus dans la cavité des conceptacles, nous rencontrons encore quelquefois des tubes composés d'une membrane homogène, qui jouit de la transparence vitreuse la plus parfaite : ces tubes sont en très-petit nombre, de grosseur un peu variable, toujours simples, assez droits et dépourvus de cloisons internes établies symétriquement. Tantôt ils sont continus, tantôt ils nous offrent comme de très-légers nœuds, analogues à une articulation seulement rudimentaire : sur d'autres tubes j'ai observé au contraire une articulation pourvue de cils verticaux connés à leur base, et qui par leur état intimement appliqué contre le tube, représentent avec beaucoup d'exactitude la gaîne des tiges d'*Equisetum*. Mais lorsque le segment supérieur du tube vient à manquer, ces cils restent implantés sur l'articulation, de la même manière que le Péristome surmonte l'Urne d'une petite Mousse. Je les nommerai TRICHOCÈNES, d'après leur état entièrement vide.

Quant aux Microphytes, je crois qu'on ne peut guère les considérer comme un organe accessoire indispensable à la réproduction, puisqu'il existe des Varecs où la loge séminifère s'en trouve dépourvue. En observant ces petites végétations, on les prendrait pour une plante complète d'autant plus volontiers, que leurs frondules supérieures entre autres, renferment une matière grenue qu'on pourrait regarder comme leurs semences. J'ai eu la surprise de ne rencontrer sur les conceptacles d'un *Fuc. nodosus*, que des loges séminifères stériles, c'est-à-dire sans graines, sans aucune espèce de filaments, mais remplies de Mycrophytes en totalité.

Les Séminules des Varecs manquent rarement d'une tunique hyaline qui les enveloppe en ntier non-seulement elles, mais encore leur petit Podosperme. Cette tunique se fixe sur le placentaire à plus ou moins de distance de ce podosperme et forme un sac proprement dit, dont la membrane homogène ne doit qu'à son extrême tenuité, sa parfaite transparence. Il faut même quelquefois une certaine attention pour reconnaître la présence de cet organe. Mais je dois faire observer que c'est bien improprement qu'on lui a donné le nom d'Arille, parce qu'elle n'est nullement une extension du Podosperme, ou cordon ombilical de chaque graine.

Les FUCUS de Linné ont été divisés par Agardh, en trois genres, *Fucus, Cystoseira* et *Sargas-sum :* mais ces deux derniers ne sont différenciés par aucun caractère particulier de fruc-tification ni d'organisation, de sorte que c'est le port presque seul qui les distingue. Agardh nous avertit lui-même avec franchise de leur peu de solidité, ce qui n'a pas été toujours prati-qué dans des cas semblables. Mais il était plus urgent de distraire du genre Linnéen le singulier *Fruc. loreus,* dont Lyngbye a formé le genre *Himanthalia,* parce que cette espèce se distingue de toutes les Fucacées par une structure exclusive, consistant en un disque basiliaire comme perfolié, et dans une fronde qui n'est tout entière qu'un long conceptacle polychotome. C'est d'après cette conformation bien remarquable, que nous avons cru devoir substituer au mot *Himanthalia* celui de PANTOCARPUS, qui exprime le caractère propre du végétal. Quant au genre *Halidrys* érigé par le même auteur avec le *F. nodosus,* il ne se distingue des Varecs que par ses fructifications pédonculées, par des rameaux articulés sur la tige ainsi que les pédon-cules, et par la répartition sans ordre des grains qui composent la couche superficielle de la fronde. Lyngbye ne nous a point signalé ces seuls caractères distinctifs.

D'après ces réformes, le genre actuel se réduit aux seules espèces développant leurs graines dans des Conceptacles qui continuent la fronde et tous les autres Fucus de Linné qui fructifient en tubercules extérieurs, constituent les diverses tribus et genres de la famille des Algues, par leur réunion aux Tremelles et Conferves marines et fluviatiles. Ce sont Weber et Morh, qui ont commencé les premiers, les démembrements du genre Fucus, en séparant de celui-ci toutes les espèces angiocarpiennes : Lamouroux l'a ensuite partagé avec succès en tribus : Agardh après en avoir extrait les *F. natans* dont il a formé son genre SARGASSUM, et les *F. Ericoides fibrosus* etc., avec lesquels il a composé son CYSTOSEIRA, l'a ainsi réduit à 18 espèces, qui sont au reste celles connues de tout temps sous le nom de Fucus. Enfin Lyngbye a encore retiré de celui-ci les deux *Fucus loreus* et *nodosus,* dont il a fait les genres HIMANTHALIA et HALIDRYS que nous venons de mentionner.

J'ai la satisfaction de présenter à mon tour, diverses observations nouvelles sur ce groupe remarquable, et qui malgré son infériorité aux Laminaires sous le rapport de la taille, ne tient pas moins le premier rang, en raison de son utilité pour l'homme. Cette flore renferme même quantité d'espèces et variétés nouvelles, et lorsque je n'en aurais observé autour de l'île de Terre-Neuve, que de connues et décrites par les auteurs, mes recherches n'en auraient pas moins un résultat utile, en concourant au perfectionnement de la géographie végétale.

ESPÈCES.

1° VAREC VÉSICULEUX.   FUCUS VESICULOSUS. [Pl. 11.]

F. fronde integerrima dichotoma, costata, vesiculis ellipticis binatis, sæpiùs
oppositis, interdùm ad axillas ternatis; dichotomiis superioribus angustis evesi-
culosis, apice fructiferis : conceptaculis ovatis ellipticisve, parvis, plerùmque
bifidis, apicibus subdivaricatis.

vesiculosus, Lin : De Cand. fl. fr. 2, p. 18 : Gunn. fl. Norv. 1, p. 48 : Zoega Isl. : Wahlenb. fl. Lap.
490 : Huds. fl. Angl. p. 576. DIP. herb. Terræ-Novæ mus. Paris. 1817.

Cette espèce croît autour des îles Saint-Pierre, Miclon, et dans la partie méridionale de
Terre-Neuve, particulièrement le long des côtes extérieures : on la rencontre assez communément rejetée sur la plage.

La fronde de ce varec atteint quatre décimètres de longueur, et se trouve munie de vésicules plus longues que larges, de forme ovale et toujours géminées, excepté auprès des
dichotomies, où une nouvelle vésicule se développe ordinairement à la bifurcation entre les
deux autres, ce qui les y rend ternées. Mais toute la partie supérieure est sans vésicules, et
la fronde s'y partage en dichotomies nombreuses, étroites, larges communément de cinq
millimètres et de proportions assez uniformes. Quand la vésicule axillaire manque, deux
autres vésicules naissent un peu au-dessus de la bifurcation, sur chacune des deux branches.
Les frondes stériles ont aussi des vésicules géminées ou alternes. La partie supérieure de ces
dernières frondes nous présente l'inverse de celles qui portent les conceptacles, car tandis
que celles-ci resserrent graduellement vers leurs sommités, les frondes stériles vont au contraire
s'élargissant jusqu'aux bifurcations terminales, dont les divisions se trouvent même assez
remarquables par leur forme lancéolée. Le sommet de ces lanières devient tantôt bifide, ou
tantôt simplement resserré en pointe.

Les Conceptacles sont petits, relativement à la grandeur de la plante, n'ayant que douze
à quatorze millimètres de longueur sur six à sept de largeur : leurs loges m'ont offert, au
microscope, des Séminules sans tunique hyaline, ordinairement un peu oblongues plutôt
que globuleuses, très-obtuses à leurs extrémités, et d'une transparence uniforme : elles se
trouvent dressées, étant insérées ou d'une manière sessile, ou plus rarement à l'aide d'un

petit pédicelle fort court, sur la partie inférieure des soies fructuaires. Celles-ci se divisen
inférieurement en filets grêles, articulés, assez souvent dichotomes, atténués graduellemen
vers leur sommet, et qui ont un aspect comme digité par leur état divergent : leur base
épaissie forme une espèce de souche amorphe, qui s'implante sur la paroi interne de la loge
et se compose d'articles en petites masses réunies sans symétrie. Toute la partie centrale
du conceptacle renferme un amas de filaments à clavettes, qui sont entremêlés, de grosseu
inégale, et composés d'articles linéaires quelquefois très-alongés, ou souvent amincis à
leurs extrémités.

EXPLICATION DES FIGURES.

A. La plante entière. B. Une portion d'un conceptacle, coupé transversalement, pour exposer !
distribution des séminules dans chaque loge.

C. La face interne d'un conceptable présentant la disposition des loges séminifères.

D. Soies ou sétules fructuaires solitaires, ou portant des séminules.

E. Séminules sous les diverses formes qu'elles présentent, et dont une est brisée.

F. Les filaments à clavettes.

     6 V. vésic. MÉGALOPHYSE.   *F. vesic. MÉGALOPHYSUS.* (Pl. 12).

F. fronde validiori, dichotomiis superioribus angustis, crebris at nunquan
congestis, divaricato-furcellatis, vesiculis magnis longioribus, infra plantæ me
dium tantùm obviis : ad axillas interdùm ternatis, vel infra aut supra paul
sæpiùs geminatis, fronde duplò latioribus; conceptaculis oblongis, acutioribu
bipartito-valdè divergentibus.

V. vesic. megalophysus, DIP. herb. Terræ-Novæ mus. Paris. 1821.

J'ai trouvé cette plante rejetée après une tempête, vers le milieu de septembre : elle croît
l'île Saint-Pierre, sur les rochers que la mer ne découvre que fort rarement, porte p
de vésicules, et se trouve en outre remarquable par la petitesse de ses fruits, le peu
largeur et l'état divariqué de ses dichotomies supérieures, en outre par la grosseur de s
vésicules.

La longueur totale de ce Varec est environ de 4 décimètres, et sa couleur d'un brun-ve
dàtre, excepté aux sommités fructifères, lesquelles deviennent même d'un jaune assez pâ

La côte centrale de sa fronde, dénudée dans sa partie inférieure, forme une espèce de tige cylindrique, qui se dilate à sa base en un petit empatement pelté, par lequel elle se fixe sur la pierre. La fronde est plus opaque que dans la plante précédente, étant plus épaisse : elle a 1 centimètre ; au plus dans sa plus grande largeur, c'est-à-dire au-dessous des vésicules, et se divise en bifurcations distantes inférieurement, ensuite fort nombreuses et très-étroites dans la partie supérieure, où elles sont toutes presque toujours de même hauteur, en même temps que divariquées d'une manière très-remarquable. Les vessies aériennes ne forment qu'une ou deux paires au plus sur la plante entière, et se trouvent placées dans sa partie inférieure, de chaque côté de l'aisselle des bifurcations ou un peu plus bas : elles sont ovales, fort rarement ternées, longues de 12 à 18 millimètres, et très-grosses relativement à la largeur de la fronde qu'elles débordent de moitié, ce qui les rend fort apparentes.

Les dichotomies terminales, dont la largeur n'est plus que de 4 à 5 millimètres, nous offrent à leur sommet de petits conceptacles ovoïdes ou elliptiques, pas plus larges que l'extrémité de la bifurcation, peu gonflés, assez souvent bipartites ou seulement bifides, avec leurs 2 divisions courtes et toujours fort divergentes.

γ V. vésic. INTERMÉDIAIRE. *F. vesic. INTERMEDIUS.* (Pl. 13).

F. frondibus angustioribus congestis, insigniter cymosis, apice sæpiùs trifidis; segmentis ultimis linearibus, obtusis plerùmque bifidis : vesiculis rotundis eminatis, ad basin dichotomiarum subterminalium tantùm obviis ; conceptaculis subrotundis racemosis.

Fuc. ves. intermedius. DIP. herb. Terræ-Novæ mus. Par. 1817.

J'ai rencontré ce varec dans la partie nord de Terre-Neuve autour des divers golfes de la côte ; au Quirpont, à la Baie des îlettes, à la Baie aux lièvres, etc. Il est commun dans tous les parages.

Cette plante remplace ici le *Fuc. vesiculosus* dans son état ordinaire, en même temps que la variété *spiralis,* et devient intermédiaire entre ces deux végétaux, nous offrant les vésicules de l'un et les fruits de l'autre : mais elle ne peut être considérée comme une hybride, puisque les deux autres Varecs n'habitent point les mêmes localités. Sa fronde, dans les plus grandes dimensions, ne surpasse guère 2 décimètres de longueur, et ses dichotomies 5 à 6 millimètres de largeur : la partie inférieure qui se trouve toujours dénudée, se prolonge en une côte ténue, néanmoins assez saillante jusqu'aux sommités. La plante est partagée en dichotomies

plus ou moins ouvertes, dont les terminales, fréquemment ternées et nombreuses, nous présen
tent un aspect comme palmé lorsqu'on les étale, et composent une espèce de cyme plus dens
que dans les deux états précédents. C'est à l'origine des dernières bifurcations, que sont pla
cées les vésicules aérifères, car elles n'existent que sur cette seule partie de la plante : elle
sont ordinairement géminées sur chaque segment, et se trouvent toutes à peu près à la mêm
hauteur, ce qui les établit en une série transversale même assez régulière. Les dichotomi
terminales sont bipartites, quelquefois tripartites, et un peu resserrées en pointe vers leu
sommet, qui est ensuite comme tronqué ou plus ou moins manifestement bifide.

Les fructifications naissent tantôt sur des rameaux situés au-dessus du milieu de la plant
et alors elles sont peu nombreuses, ou tantôt sur des frondes qui ont leur origine au-desso
de la partie moyenne de la tige. Dans ce dernier cas toutes leurs sommités deviennent fe
tiles, et composent dans leur ensemble une grappe de conceptacles, portés sur un ramea
qui ne tarde pas d'être dépouillé de sa partie foliacée, ainsi que dans le *F. spiralis* propr
ment dit. Ces conceptacles sont pareillement arrondis ou globuleux, plus larges que
fronde qui les porte, solitaires ou géminés, plus rarement bilobés à leur sommet. Ils ne di
fèrent que par leurs proportions plus petites, des fructifications qui sont propres au *F. spirali*
Linn., et justifient l'établissement de cette plante comme simple variété du *F. vesiculosu*

δ V. vésic. SPIRAL. *F. vesic. SPIRALIS.* (Pl. 14).

F. fronde majori, parùm crassa, dichotoma, semper evesiculosa, sæpiùs sp
raliter contorta, dichotomiis nunquam subalternis, obtusato - subtruncatis a
bifidis : conceptaculis subrotundis, racemosis in ramis lateralibus ac frondib
sterilibus, brevioribus.

F. *spiralis* Lin. : sp. pl. 1627 ; ejusd. fl. Lapp. n. 467; Stackh. Ner. Brit. t. 5 : Esper. fuc. t. 14 ; Gun
fl. Norv. 2, p. 64. De Cand. fl. fr. 2, p. 19 : F. *vesiculosus*, β *spiralis*, Lyngb. hydr. Dan. p. 1 : A
sp. alg. p. 89. DlP. herb. Terræ-Novæ mus. Par. 1817.

Cette hydrophyte est assez commune autour des golfes de la partie méridionale de Ter
Neuve et des îles voisines, au-dessus du niveau où se tient habituellement le *F. vesiculosu*
ses proportions en longueur y varient de 2 à 3 décimètres, et la largeur de ses frond
de 8 à 12 millimètres, selon les individus. Elle se subdivise par dichotomies souvent étalé
qui n'ont jamais cette disposition alterne du Varec figuré par Donati, et que cet aut
désigne par le nom de *F. virsoides*. C'est à tort qu'on a rapporté cette figure au *F. spira*

s mers boréales : elle ne convient qu'à la forme sous laquelle le *F. spiralis* se trouve modifié
ns la Méditerranée, et dans la partie méridionale du golfe de Gascogne où je l'ai ren-
ntré seul à Biaritz, aux environs de Bayonne. Mais le *F. spiralis* de la Manche et de
côte méridionale de Bretagne, qui est identique avec celui de Terre-Neuve, reste fort
tinct de la plante d'une latitude plus méridionale.

OBSERVATIONS MICROSCOPIQUES.

Lorsqu'on ouvre un conceptacle longitudinalement, on voit la face interne de ses deux
rtions, munies des loges séminifères, lesquelles se présentent sous la forme de petites
sses hémisphériques, lisses, et d'un brun-roussâtre assez clair. Ici les loges sont composées
ne membrane assez solide, uniforme, jaunâtre, qui paraît comme plissée; mais en n'en
aminant au microscope que des portions simples, l'on reconnaît bientôt que ces plis sont
ramifications d'une disposition réticulaire, qui se propage sur toute la superficie de ces
mbranes, et dont les aréoles sont moins diaphanes que les lignes qui les circonscrivent sur
tains individus, et plus obscures au contraire sur d'autres. La face intérieure de cette
mbrane compose le placentaire : c'est sur elle que se fixe le petit pédicelle qui soutient
que séminule, ainsi que toutes les sétules fructuaires dont elles sont accompagnées. Ces
les sont analogues à celles des autres Varecs, un peu contractées à leurs articulations,
ez souvent réunies par petits faisceaux.

es Séminules sont obovées ou pyriformes, très-rarement globuleuses, quelquefois oblon-
s : elles se composent d'un spermoderme dont l'état diaphane devient surtout bien dis-
t, quand il ne contient plus qu'une portion des graines opaques dont il est rempli. Ces
ines sont en outre, munies d'une tunique hyaline, mais souvent assez difficile à distinguer,
ce qu'elle est ordinairement fort étroite, et quelquefois même appliquée assez intimement
le spermoderme. Je n'ai point rencontré de Microphytes, ni les filaments à Clavettes, qui
stent chez la plupart de ses congénères : ce varec s'en distingue encore par une struc-
particulière de la membrane qui forme les loges séminifères.

EXPLICATION DES FIGURES.

La plante entière.
Portion d'un conceptacle coupé transversalement.
Séminules isolées, revêtues de leur tunique hyaline.
Les soies ou sétules fructuaires.

2° VAREC BICORNE.   FUCUS BICORNIS. ɴ. [Pl. 15].

F. fronde lata dichotoma fastigiata, subcontorta, versùs apices sensim a
pliata, interdùm rotundato-subspathulata, ampullis aeriferis oblongis etia
nunc inflata; nervo centrali supernè parùm prominulo : conceptaculis elonga
compressis divaricato-bipartitis, dichotomiasque superiores terminantibus.

F. bicornis. DIP. herb. Terræ-Novæ mus. Par. 1817.

On trouve cette algue remarquable, au fond du port de l'île Saint-Pierre, attachée a
rochers et même aux cailloux épars sur la plage, près du confluent des eaux douces : elle
croît point sur les côtes extérieures, ni dans aucun endroit où la côte serait battue par
flots : la région qu'elle habite est entièrement découverte au tiers de l'abaissement des mar
ordinaires.

Ses frondes dichotomes atteignent environ 1 décimètre ; ou 2 au plus de longueur, et s
fort remarquables par leur largeur, qui va quelquefois presque jusqu'à 2 centimètres. Le
de la plante reste dénudé et forme une tige cylindrique plus ou moins courte : la fronde qui
développe ensuite, s'élargit successivement jusqu'à ses sommités, lesquelles se dilatent mê
assez souvent d'une manière un peu ovale ou comme spatulée : tantôt celles-ci se trouv
très - obtusément arrondies, ou tantôt comme un peu tronquées, par l'effet de la pe
échancrure qui constitue le commencement d'une nouvelle bifurcation. Cette fronde
plus souvent ses subdivisions fastigiées ; elles se contournent aussi plus ou moins en spi
et manquent totalement de vésicules. Au lieu de celles-ci l'on rencontre très-souvent
ampoules longitudinales, qui sont oblongues, très-fréquemment géminées, et paraissen
former accidentellement vers le sommet des frondes stériles.

Les conceptacles naissent à l'extrémité des lanières terminales : ils sont fort remarqua
par leur longueur qui varie de 3 à 4 centimètres, ils sont comprimés et paraissent pres
toujours comme géminés, en ce qu'ils se partagent plus ou moins profondément en 2 co
divergentes, le plus ordinairement recourbées en dehors par leur extrémité.

OBSERVATIONS MICROSCOPIQUES.

Les divers conceptacles que j'ai observés, ne m'ont point offert les filaments à Clavet
ceux-ci m'y paraissent remplacés par un amas de filaments plus gros, à divisions nombre
entremêlés d'une manière confuse, et dont les articles courts n'ont point leur cloison

te extérieurement. Ces articles sont occupés intérieurement par une matière grenue, en
sses distinctes, séparées entre elles, irrégulières, et qui font paraître le filament comme
errompu au point où ils s'arrêtent, en raison de son extrême transparence.

Les Séminules sont d'un brun opaque, oblongues et ordinairement pyriformes, très-
tusément arrondies à leur sommet, amincies inférieurement, et presque toujours portées
un petit pédicelle diaphane qui s'insère à la base des Soies fructuaires. Celles-ci sont
linairement peu nombreuses, simples ou quelquefois dichotomes, fort déliées, et analogues
elles des autres espèces. Les séminules se trouvent munies d'une Tunique hyaline, qui non-
lement les enveloppe chacune en totalité, mais vient même se fixer sur l'espèce de petite
che placentairienne d'où part leur pédicelle.

Chaque conceptacle renferme en outre des Microphytes, dont les articles ou *frondules*
t oblongues-cylindracées, implantées les unes sur les autres, et quelquefois latéralement:
z certains individus elles se trouvent un peu renflées graduellement en massue dans leur
tie supérieure ; d'autres fois, au lieu d'être superposées d'une manière opuntioïde, elles se
uvent portées sur une tigelle filiforme, munie d'articulations.

EXPLICATION DES FIGURES.

. La plante entière.

. Conceptacle coupé transversalement pour montrer son épaisseur.

. Autre conceptacle ouvert longitudinalement pour exposer la disposition des loges séminifères.

. Filaments occupant la cavité de chaque conceptacle.

. Soies fructuaires renfermées dans les loges séminifères.

. Les microphytes.

. Séminules sous les différentes formes qu'elles présentent dans chaque loge.

ette espèce est d'un jaune-olivâtre, qui noircit par la dessication. L'état comprimé de ses
ceptacles les ferait ressembler parfaitement à ceux du *F. serratus*, si dans cette autre espèce
taient bipartis. Certains individus ont même quelquefois, comme chez ce dernier, le
d des frondes un peu denticulé. Je possède encore des échantillons à frondes petites,
t les sommités se trouvent quelquefois comme spatulées par l'effet de leur dilation termi-
: dans cet état la plante offre assez d'analogie par les proportions de sa fronde avec le
piralis, tel qu'il croît habituellement sur les côtes d'Europe,

6. V. bic. ANOMAL.   *F. bic. ANOMALUS.*   [Pl. 16.]

F. fronde subfastigiata erosa, sursùm ampliata vel spathulata, sæpiùs emarg
nata aut subcrenata, crispa; conceptaculis abbreviatis; fronde latioribus, d
formibus, bifidis aut bipartitis; partitionibus non divaricato-reflexis.

Cette variété habite le fond des golfes, comme la plante précédente; elle diffère de cel
ci par ses frondes élargies à leur sommet, et même souvent comme spatulées, larges de 3 à
centimètres dans cette partie, ensuite contractées et plus ou moins crépues latéralement
descendant vers le milieu de la plante ; au-dessous de ce point elles n'offrent bientôt q
les restes de plus en plus mutilés du parenchyme dont la côte longitudinale était acco
pagnée, de sorte que la tige est entièrement dénudée vers sa base.

Quelquefois ces frondes sont munies, comme dans la plante qui précède, d'ampoules aérifè
plus ou moins prolongées longitudinalement. Les fructifications consistent en conceptac
difformes, comprimés, plus larges que le segment qui les porte; tantôt ovoïdes ou bifi
à leur sommet, tantôt évasés et bipartites : mais dans ce dernier cas, chacune de leurs di
sions n'excède point en largeur 2 décimètres vers leur partie moyenne, ni 3 centimètres
longueur, lorsqu'ils ont une forme ovoïde.

La plante prend par la dessication cette couleur noire, propre aux Fucacées qui ha
tent sous l'influence des eaux douces, et ne nous offre le plus souvent que des lambea
de fronde le long de ses ramifications. Je ne l'ai point rencontrée, ainsi que la précéder
dans la partie nord de Terre-Neuve.

OBSERVATIONS MICROSCOPIQUES.

La superficie de la fronde, sur les conceptacles, se compose de grains d'un brun obsc
confusément sériés ou disposés sans ordre, souvent presque contigus et ne laissant entre
qu'un espace peu translucide. D'autres grains plus gros, en même temps que plus pâles, s
placés sous les précédents, et bientôt ils se changent en corps cylindracés épars et c
chés dans le mucilage concret, parallèlement à la superficie du conceptacle. Ces corps, o
nairement linéaires, sont comme logés dans une cavité relative à leurs dimensions, laquel
distingue des parties voisines par une ligne très-fine et plus de transparence. Le concept
n'offre dans sa partie centrale que la continuation du mucilage concret, lequel y fo

tissu cellulaire beaucoup plus lâche d'une demi transparence un peu jaunâtre, contenant
ssi des corps alongés, analogues aux précédents, mais plus petits et disséminés d'une ma-
ère confuse. Tous ces corps sont d'une nature grenue et peu diaphanes.

En coupant perpendiculairement les loges séminifères, on reconnaît qu'elles sont entourées
une couche de tissu cellulaire courbée circulairement, et dans laquelle les petits corps dissé-
inés se trouvent superposés concentriquement, sans symétrie, et cependant de manière à
nserver à la couche une épaisseur assez uniforme. La face externe de cette couche ne sem-
erait même formée que d'un plexus de vaisseaux anastomosés, d'une grosseur assez remar-
able, et soudés en outre longitudinalement : ils sont munis de cloisons et contiennent les
rps en petites masses alongées que nous venons de décrire.

Quand on veut détacher une des loges séminifères, on n'y parvient qu'assez difficilement,
ause de sa forte adhérence à la couche extérieure du conceptacle : une fois isolée, si nous
mpons cette loge pour en étudier la structure, nous reconnaîtrons, en étalant la couche cellu-
re dont se forme son enveloppe, que celle-ci se compose d'une membrane tenace, formée
in mucilage concret, demi transparent et d'une couleur claire tirant sur le vert un peu jau-
tre. Les petits corps placés concentriquement sont épars dans sa substance, polymorphes,
lindracés ou subfusiformes, assez sombres et un peu courbés : ils sont entremêlés confusé-
ent et malgré leur état seulement translucide, on distingue sans peine les utricules qui les
nstituent.

La face interne de cette membrane devient le placentaire, et c'est sur elle que s'implantent
séminules ainsi que cette multitude de sétules dont elles sont accompagnées. Ces sétules
nt fort déliées, parfaitement hyalines, longues, dichotomes, à cloisons peu distinctes et
r lesquelles le tube est légèrement contracté : elles sont parsemées, çà et là, de petits grains
riculaires demi transparents et ordinairement arrondis. Tantôt les sétules sont entièrement
les, et tantôt elles offrent intérieurement un filet en forme d'axe longitudinal, plus ou
ins continu, et lui-même souvent granuleux. Quelquefois leurs cloisons forment une ligne
phane qui intercepte ce filet, dont l'extrémité se dilate quelquefois contre elles et devient
ne assez opaque. Toutes ces sétules ont ordinairement la partie moyenne de leurs dichoto-
es un peu renflée.

Les graines ou séminules sont en grand nombre dans chacune des loges, et fixées immédia-
ent sur leur paroi interne : elles ont une forme ovoïde, le plus souvent un peu amincie en
nte inférieurement ; d'autres sont elliptiques, plus rarement sphériques ; et quand elles res-
t au-dessous des proportions ordinaires, les unes sont oblongues ou cylindracées ; d'autres

cunéiformes, turbinées ou subtriangulaires : mais ces formes anomales ne pouvant résulter que d'un état d'avortement ou de développement incomplet. Néanmoins elles sont toutes revêtues d'une tunique hyaline, dont la rupture, bien évidente à l'une de leurs extrémités, nous indique toujours leur base : ceci n'a lieu que chez celles qui sont alongées.

Quand nous écrasons ces graines par la pression, elles ne nous présentent que des morceaux anguleux de forme irrégulière ; et comme leur masse entière se compose d'utricules intimement agglomérées, chacune de ces portions reste ensuite telle que la rupture l'a produite, sans que les utricules se désagrègent et se disséminent autour des débris.

EXPLICATION DES FIGURES.

Fig. I. La plante entière.

A. Conceptacle coupé transversalement pour montrer son épaisseur.

B. Portion de la fronde, exposant les grains dont se compose sa couche superficielle.

C. Autre fragment, présentant une partie de la couche superficielle enlevée, afin de laisser à découvert les grains de la seconde couche.

D. Une partie d'un conceptacle coupé transversalement, par le milieu d'une loge séminifère, pour montrer la disposition des graines.

E. Une portion de la membrane qui compose chaque loge.

F. Diverses séminules isolées.

G. Les sétules fructuaires.

VAREC ÉDENTÉ.   FUCUS EDENTATUS. n.   [Pl. 17.]

F. fronde longa valida, lineari-dichotoma, integerrima, nervo percurrente plerùmque vix tumido vel obsoleto : conceptaculis terminalibus, planis, simplicibus; lineari-lanceolatis, parùm acutis, vulgò geminatis aut basi connatis, fronde non latioribus.

F. *edentatus* DIP. herb T.-N. musæi Par. 1819; ejusd. ann. soc. Linn. Par. vol. 4, p. 497 : an *Fucus integerrimus* maris Germanici, Ag. spec. alg., p. 95?

Cette espèce vit sur les rochers de la côte extérieure de l'île St.-Pierre, depuis la partie méridionale jusqu'au Nord-Ouest : je l'ai rencontrée à Miclon sur les rochers situés à l'extrémité orientale de la chaîne des montagnes de Mirande; et dans la partie Nord-Est de Terre-Neuve, à la Baie-aux-Lièvres, aux environs du Quirpont etc.; je la crois répandue tout autour de l'île.

Par la solidité de sa fronde, sa couleur olivâtre et ses proportions, ce Varec est analogue
x *Fuc. vesiculosus* et *serratus*; mais il se rapproche davantage de ce dernier par la forme
e ses fructifications longues et comprimées, jointe à l'absence constante de vésicules
rifères. Comme je n'ai pu rencontrer nulle part dans ces contrées le *F. serratus*, je croirais
olontiers qu'il l'y remplacerait, d'autant plus que comme celui-ci, il aime les endroits où
mer est agitée. De même que dans ces autres espèces, la tige est adhérente par une racine
écusson, ramifiée par dichotomies nombreuses qui naissent sur un seul plan, nue et
lindrique inférieurement, ensuite prolongée au milieu de la fronde sous la forme d'une côte
ngitudinale, mais qui est peu marquée, surtout dans la partie supérieure. Ses frondes,
ant jeunes, sont d'une nuance jaunâtre et simplement arrondies à leur sommet; elles s'y
ouvent le plus souvent échancrées, ou plus ou moins bifides, lorsqu'elles vont donner
issance à une nouvelle dichotomie. Quand elles sont adultes, elles s'élèvent jusqu'à 4 et 5
cimètres, sans excéder 12 à 19 millimètres de largeur, dans leurs plus grandes dimensions.
es frondes sont linéaires, très-entières en leurs bords, toujours dépourvues de vésicules
rifères, et d'un vert olivâtre qui noircit par la dessication : elles nous présentent à leur
perficie des pores épars, d'où sortent ainsi que dans les autres Fucus, de petites houppes
filaments confervoïdes. Chacun de ces pores reste assez distinct même après la dessication,
raison de leur état plus diaphane que le reste de la fronde, et cette translucidité locale
vient même d'autant plus remarquable, que le parenchyme dont ils sont entourés se trouve
us opaque que les parties voisines. Ces dernières frondes conservent une couleur olivâtre
roussâtre selon les individus.

Les conceptacles sont tous terminaux, fort longs, presque planes, linéaires ou linéaires-
acéolés, d'égale largeur avec la dichotomie qu'ils terminent ; on les rencontre presque
ujours géminés au sommet de celle-ci et longs de 7 à 8 centimètres, sur 5 millimètres de
geur : tantôt ils sont connés à leur base, et tantôt ils reposent sur une lanière plus étroite
e leur largeur moyenne et fort courte, laquelle forme le commencement de la dichotomie
minale. Ces conceptacles sont généralement divergents, resserrés en une pointe peu aigue
s-rarement bifide, quelquefois inégaux, plus communément fastigiés d'une manière assez
gulière. Ils ont une couleur moins intense que la fronde et se trouvent tuberculeux à leur
perficie par la proéminence de l'ostiole de chacune de leurs loges séminifères.

Je ne pense pas que cette espèce soit celle indiquée par Agard, d'après Turner, sous le
m de *Fuc. serratus* β. *integerrimus* et qui croît sur les côtes du Danemarck, le long de
mer d'Allemagne. Il existe encore un autre *Fucus* assez analogue à notre *edentatus*, qu'on

rencontre en France seulement aux extrémités de la Basse-Bretagne, vis-à-vis l'île d'Ouessan
mais celui-ci, publié sous le nom de *F. serratus* β. *longifructus* par de Candolle, fl. fr., n'e
manifestement qu'une variété de la plante à laquelle il a été réuni.

OBSERVATIONS MICROSCOPIQUES.

La fronde se compose extérieurement d'une couche de grains par séries flexueuses, comu
globuleux, uniformes, et d'un brun olivâtre. La couche interne qui est fibrilleuse, consis
en filaments hyalins, linéaires, tortueux et assez uniformes, renfermant souvent des portio
d'une matière grenue ou bien une espèce d'axe longitudinal, mais fort peu apparent et mêr
sans continuité ou paraissant tel.

On retrouve à la superficie des conceptacles des grains analogues à ceux de la frond
au-dessous de ceux-ci il y en a de moins colorés, qui sont plus irréguliers et logés da
l'origine de la couche fibrilleuse.

Les conceptacles récèlent des séminules très-nombreuses, qui en garnissent toute la pa
d'une manière rayonnante, et s'étendent chacune jusqu'au quart du diamètre de la cavi

Les séminules sont très-distinctes par leur opacité, des substances diaphanes qui
environnent : elles sont ovoïdes, ovales ou quelquefois globuleuses, d'une grosseur rem:
quable, très-obtuses, ordinairement un peu resserrées en pointe inférieurement quand el
sont ovoïdes; elles se trouvent presque opaques, à l'exception de leur extrémité en pointe,
devient translucide chez celles qui ont une forme ovoïde : toutes sont dépourvues de tuni
hyaline, et portées sur un petit podosperme ou funicule très-court, qui s'insère immédia
ment sur la paroi de la loge.

Le Spermoderme se compose d'une substance qui nous offre des utricules d'une petite
extrême, disposées sans symétrie et qui lui donnent un aspect finement bulleux.

Les Microphytes sont sans doute remplacées ici par les filaments qui se dirigent des pai
vers le centre de la cavité séminifère et dont la multitude enveloppe toutes les graines.

EXPLICATION DES FIGURES.

A. La plante entière.

B. Portion de la fronde exposant les graines qui composent sa couche superficielle.

C. Un conceptacle coupé en travers, par le milieu de quelques-unes des loges séminifères.

D. Une partie du même, vu sur sa face interne.

E. Les filaments occupant la cavité interne des conceptacles.

F. Séminules sous les différentes formes qu'elles présentent dans chaque loge.

G. Les sétules dont les graines sont accompagnées.

VAREC DE FUEC.   FUCUS FUECI. [1]   [Pl. 18.]

F. fronde mediocri, valida, evesiculosa, lineari-polychothoma, integerrima,
ıgusta et subfastigiata, nervo supernè conspicuo; axillis patentibus, superiori-
ıs inæqualiter distantibus, interdùm approximatis, ramumque sæpè ex frondis
tere interno, infernè prodeuntibus : conceptaculis planis, linearibus, simpli-
bus, acutis vel obsoletè emarginatis, dichotomia terminali sublatioribus.

Je ne connais ce Varec que sur les rochers de la côte occidentale des îles St.-Pierre et de
ıclon : il aime les lieux où la mer est agitée et se trouve en conséquence doué d'une
lidité qui le rend capable de résister à la violence des flots : aussi ne le voit-on presque
nais mutilé. Il développe ses conceptacles, de même que la majorité de ses congenères,
mars et avril, pendant que le sol est encore couvert de neige. Je présume que cette espèce
remonte pas plus au nord que ces îles, ne l'ayant point rencontrée à Terre-Neuve, sur
divers points que j'ai visités.
Sa fronde très-entière en ses bords, ainsi que dans les plantes qui précèdent, s'en distingue
r le champ par des proportions bien inférieures, n'ayant au plus que 2 décimètres de
ıgueur, sur 7 millimètres de largeur dans sa partie moyenne : elle est en outre par rapport
sa taille, beaucoup plus solide, et nous présente les aisselles de ses bifurcations plus
vertes. La plante est cylindrique inférieurement et bientôt divisée en dichotomies fort
mbreuses, divariquées, traversées par une nervure longitudinale qui devient peu distincte
ns les lanières terminales, si ce n'est par la transparence. Ces dichotomies sont étroites et
éaires, d'un vert sombre olivâtre, ainsi que dans la plupart de ces Varecs : elles ont une
geur uniforme qui est de 3 millimètres le plus ordinairement et n'égale pour lors environ que
moitié de celle de la partie moyenne de la fronde. D'autres fois la plante s'élargissant peu sur

1) Je me fais un devoir de consacrer cette plante à M. Fuec, médecin-administrateur en chef de l'hos-
e de St.-Pierre et de Miclon : c'est le faible tribut de ma reconnaissance pour le gracieux accueil que
reçu de lui dans ces contrées, où je m'étais rendu sans recommandations et où personne ne pouvait
naginer que je fusse conduit par le seul amour de la science. Pendant ma résidence à St.-Pierre, M. Fuec
cessé de me témoigner ces sentiments affectueux que mon zèle désintéressé pour les recherches, et
siduité de mes travaux, pouvaient m'assurer auprès d'un homme qui joignait lui-même une grande
truction en médecine, à des connaissances variées en histoire naturelle.

ce point, reste à peu près uniforme dans toute son étendue. Ses dichotomies supérieure
sont inégalement distantes, très-multipliées, et souvent l'une des branches de celles-ci s
bifurquant de nouveau plus ou moins près de leur aisselle, semblerait munie d'un ramea
qui partirait de leur côte interne. C'est un caractère remarquable, qui n'existe point da
l'espèce qui précède, ni dans celle qui suit.

Les conceptacles sont toujours solitaires au sommet de chacune des lanières terminale
un peu plus larges que celles-ci, comme tuberculeux à leur superficie par la proéminen
des loges séminifères : ils sont linéaires-lanceolés, rectilignes, ordinairement pointus à le
sommet et d'un vert moins intense ou comme jaunâtre : comme ils sont restés entièreme
plats, après les avoir laissés séjourner dans l'eau douce, pour les observer ensuite au n
croscope, je dois présumer que c'est leur état ordinaire ainsi que chez le *F. edentatus.*

En examinant la fronde par la transparence, on la voit parsemée de pores diaphane
disséminés sans ordre et par lesquels sortent les petites houppes de sétules confervoïde
ils sont protubérants dans l'état de dessication, souvent entourés d'une substance obscu
et dans la partie moyenne de la plante ils ne forment même parfois qu'un point opaque
totalité. Toutes les dichotomies deviennent fructifères chez cette espèce et je n'ai pu re
contrer des feuilles stériles que sur un seul des nombreux échantillons que j'ai recueill
Ces feuilles sont également munies d'une nervure longitudinale, n'ont que la largeur c
dichotomies terminales, se bifurquent de la même manière et se trouvent légèreme
échancrées à leurs extrémités qui sont toutes élargies en spatule d'une manière ass
remarquable.

J'ai rencontré un petit échantillon de ce Varec qui n'a que 7 à 8 centimètres de haute
totale. Je dois le mentionner ici, parce que sa fronde atteint dans sa partie moyenne, u
largeur qui égale celle des grands individus où elle se trouve le plus élargie, et que
branches de ses dichotomies naissent trois ensemble et quelquefois quatre, pour ainsi d
au même niveau. Mais cette disposition, par laquelle la fronde deviendrait plutôt multif
que dichotome, n'existe que sur une des branches principales.

Les grands échantillons sembleraient en quelque sorte, une plante intermédiaire entre
F. edentatus et le *F. leptophyllus* qui suit, s'ils n'étaient d'une texture plus solide, n
ils sont munis en outre de bifurcations plus ouvertes, qui donnent un aspect éminemm
furcellé à l'hydrophyte qui nous occupe. Plus analogue au *F. leptophyllus* par ses proporti
habituelles, le *F. Fucci* s'en distingue surtout par son état robuste, par ses conceptacles
sont planes au lieu d'être cylindracés, par sa côte longitudinale encore très-prononcée dan

partie moyenne de la fronde; enfin par le genre de localités hors desquelles il cesse de croître.

OBSERVATIONS MICROSCOPIQUES.

La fronde nous offre ainsi que dans toutes ses congénères, une couche extérieure composée de grains disposés par séries longitudinales, de forme globuleuse ou irrégulièrement arrondis, quelquefois subtriangulaires ou plus fréquemment quadrilatéraux : on en rencontre d'autres qui se trouvent un peu alongés de haut en bas et d'autres au contraire plus ou moins sensiblement déprimés : ils sont ou en contact dans chaque série, ou plus rarement non contigus; les séries elles-mêmes se joignent quelquefois deux à deux, ou se tiennent à la même distance les unes des autres : elles sont ordinairement tortueuses ou flexueuses, et quelquefois elle se subdivisent, ce qui arrive surtout dans les parties où les grains ont plus de grosseur que dans l'état ordinaire.

Dans la couche extérieure, les grains sont plus petits et plus colorés que dans celle qui est au-dessous : ces derniers sont plus diaphanes, ils deviennent alongés, oblongs ou subcylindracés, et d'une nuance jaunâtre qui se trouve plus ou moins sombre, comme s'ils étaient formés de petites masses internes inégales sous le rapport de la densité ou du volume.

La couche superficielle des conceptacles se compose de grains plus inégaux que sur la fronde, disposés aussi par séries aggrégées deux à deux, ou bien en plus grand nombre. Dans l'association binaire qui est la plus fréquente, il arrive que quatre grains en s'accolant, se trouvent ensuite isolés de ceux qui les avoisinent, et nous offrent ainsi par endroits des groupes partiels comme on en rencontre chez les Laminaires, les Fucus et les Ulva. Ces grains ont une couleur rembrunie assez obscure, une forme en carré un peu long, plus rarement arrondie, ou bien anguleuse et comme triangulaire. En observant la superficie de la fronde dans son ensemble, elle nous présente des lignes sombres, résultant de ce qu'il se trouve au-dessous de ces parties, des agglomérations dans la masse fibrilleuse dont l'intérieur est composé.

Après quelque temps d'immersion dans l'eau douce, cette couche superficielle se sépare avec facilité, par la pression, d'une lame centrale formée par le mucilage concret, et couverte de concavités qui la rendent très-raboteuse à sa superficie. C'est sur cette dernière que m'a paru l'implanter la couche fibrilleuse qui existe entre elle et la couche superficielle. Ces fibrilles sont formées de filaments hyalins fort déliés, subdivisés quelquefois par dichotonies irrégulières, et disposés d'une manière longitudinale : ils sont munis de cloisons internes assez rares et non contractés sensiblement au point où elles existent. La cavité de ces filaments renferme fort

souvent une matière par grains ou réunie en petites masses, qui est moins transparente qu
la membrane dont se compose le tube.

Les Microphytes sont petites, peu nombreuses, plus manifestement fastigiées que dans d
grandes espèces; elles ont leurs tigelles tout au plus, égales en longueur à la frondule qui le
termine et même ordinairement plus courtes, n'offrant qu'un à deux articles dans toute leu
longueur. La frondule est oblongue, subobovée, assez souvent comme entourée d'un bor
hyalin, l'intérieur contenant une matière finement grenue moins transparente.

Les graines ont une grosseur remarquable : elles sont de forme variable, tantôt ovoïde o
plus courte et comme turbinée, d'autres fois presque globuleuse ou ovale, ou enfin ovale-oblor
gue et plus ou moins cylindracée. Mais ce dernier état ne me paraît résulter que de leur avo
tement, ces graines étant ou moins longues que les précédentes, ou d'égale longueur, «
n'ayant plus que le tiers, ou environ, de la grosseur de celles-ci : elles sont d'un brun obscur
presque toujours munies d'une tunique hyaline qui s'applique étroitement autour d'ell
d'une manière uniforme, et constitue chez quelques unes un pied épais et d'une transparenc
uniforme, par lequel elles s'implantent sur le placentaire.

EXPLICATION DES FIGURES.

A. La plante entière, dans divers états.

B. Portion de la couche superficielle des conceptacles.

C. Filaments occupant leur cavité.

D. Les microphytes.

E. Séminules sous les diverses formes qu'elles présentent ordinairement dans chaque loge.

F. Une portion de la fronde montrant la disposition des grains de la couche superficielle.

VAREC DU MICLONAIS   FUCUS MICLONENSIS. N. [Pl. 16.]

Var. α. A RAMEAUX ÉTALÉS.   *Var.* α. *PATENS.*

F. fronde evesiculosa lineari polychotoma integerrima, nervo centrali parù
prominulo; dichotomiis cunctis uniformibus, patentibus, ad axillas sæpiùs no
angustatis, subcymosis : conceptaculis linearibus complanatis parùm acutis sir
plicibus, grossè tuberculatis, lacinia terminali non latioribus : caule parùm valido
gracili, non filiformiter attenuato.

F. Miclonensis DlP. herb. Terræ-Novæ mus. Par. 1817.

J'ai rencontré ce Varec à l'île Langlade, aujourd'hui réunie à celle de Miclon par un atté-
rissement de sable qui forme une chaussée longue de plus d'une demi-lieue: il croît aussi
autour de l'île Saint-Pierre, dans quelques anses de la rade et du fond du port, mais on ne
le rencontre que dans les endroits où la mer est peu agitée. Il vit attaché aux rochers qui
découvrent aux marées ordinaires et fructifie pendant la fin de l'hiver : ce n'est qu'au mois
de juin que tous ses conceptacles sont entièrement développés.

Cette espèce nous offre par ses fruits à gros tubercules, une analogie marquée avec le *F.
filiformis*, mais des proportions plus grandes, une fronde plus solide, des aisselles plus ouvertes, la distinguent de celle-ci pour la rapprocher du *F. Fueci*. Elle s'éloigne de ce dernier par
sa tige qui se trouve amincie et même assez grêle inférieurement, au lieu d'y rester épaisse et
d'une force très-remarquable ; par ses dichotomies plus étalées ; par une couleur plus noire et
qui tire sur le roux ou sur le jaunâtre, au lieu d'être olivâtre-intense, lorsqu'on observe les
frondes par la transparence ; enfin par ses conceptacles que les loges séminifères rendent très-
raboteux, en se relevant en dehors sous la forme de gros tubercules.

Toute la plante noircit par la dessication et prend cette nuance particulière aux espèces qui
croissent au confluent des eaux douces : en l'observant par la transparence, elle se trouve
entièrement opaque, excepté à ses sommités, lesquelles sont d'une teinte jaunâtre sur les
frondes récentes et d'un brun roux comme fulvescent chez les anciennes : mais dans l'état frais
sa couleur générale est d'un vert olivâtre ordinairement assez foncé.

Cette Hydrophyte forme des touffes hautes d'un décimètre et demi, rarement de 2 décimètres, et qui deviennent quelquefois très-denses par la multiplication infinie des bifurcations
de la fronde. Celle-ci se resserre à sa base en une tige arrondie, qui se fixe au rocher par un
cusson conique: cette tige épaisse d'un millimètre et demi transversalement, et grêle sans devenir
filiforme, n'a que le tiers du diamètre des dichotomies supérieures dans les individus où la fronde
a le plus de largeur, ou bien la moitié de celle-ci chez ceux dont les dichotomies restent étroites.
Dans ces deux états, la plante se partage dès sa partie inférieure en bifurcations nombreuses,
ordinairement plus ouvertes que dans le *F. Fueci;* toutes linéaires et de proportions uniformes
jusqu'aux terminales : toutes sont fort lisses à leur superficie, munies d'une nervure centrale
peu remarquable, très-entières en leurs bords, larges au plus de 3 millimètres, et divisées
entre elles d'une manière assez régulière. Je n'ai aperçu à leur surface aucun pore par lequel
sortiraient les faisceaux de sétules confervoïdes qu'on rencontre chez ses congénères. Les conceptacles n'ont que le diamètre de la lanière qui les porte, sont linéaires, longs de 2 centimètres à 2 centimètres et demi sur 3 millimètres de largeur, en général peu pointus, très-

entiers, jamais bifides à leur sommet, comprimés et très-raboteux par les loges séminifères
lesquelles se relèvent en gros tubercules à leur superficie : tantôt ils sont simples et tantôt il
se trouvent comme bifurqués, les loges internes descendant jusqu'au-dessous de l'aisselle d
la dichotomie terminale. Les loges laissent souvent entre elles un espace plus ou moins étendu
diaphane ainsi que le haut de la fronde, et se présentent ou d'une manière éparse ou bien e
séries transversales.

VAR. β. A RAMEAUX DENSES.   *VAR. 6. CONGESTUS.* [Pl. 17.]

F. fronde breviori angustiore, axillis nec tam patentibus; dichotomiis vald
numerosis congestis, interdùm fasciculatis, minùs fastigiatis; conceptaculis lon
gitudine disparibus.

Fuc. miclonensis; 6. *congestus,* DlP., Herb. T.-N. Mus. Par. 1817.

Cet état particulier constitue une variété remarquable par le peu de largeur de sa fronde
qui n'a plus ici que 2 millimètres environ de largeur sur un décimètre le plus souvent de ha
teur, et par sa subdivision en dichotomies ordinairement si nombreuses qu'elles devienne
fasciculées. La partie supérieure est en outre fastigiée d'une manière peu régulière, surto
en raison de l'inégalité qui existe dans la longueur des conceptacles. J'ai rencontré des écha
tillons longs de 2 décimètres où la fronde restait étroite comme dans ceux qui sont dans l
proportions ordinaires : quelques-uns de leurs conceptacles atteignaient 3 centimètres
demi et même jusqu'à 4 de longueur.

Les frondes de cette dernière plante n'ont environ que la largeur de celles du *F. canalic*
latus des côtes d'Europe, et de certains états du *F. filiformis.*

OBSERVATIONS MICROSCOPIQUES.

Un fragment de ce Varec, extrait de la partie moyenne d'un conceptacle, et ne consista
que dans la simple couche corticale de celui-ci, m'a offert les grains par séries longitud
nales, mais en général peu distinctes; ils ont une couleur jaunâtre diaphane, à peine pl
sombre que le petit intervalle qu'ils laissent entre eux. Toute la superficie observée par
transparence, se trouve partagée en bandes ou lignes longitudinales alternativement obscur
et demi-transparentes, courant parallèlement d'une manière plus ou moins tortueuse; el
se subdivisent, se réunissent sans ordre, et les demi-transparentes ont coutume d'être p
étroites que les obscures. Cette disposition résulte, de même que dans les autres espèces, d'

ssemblage local des vaisseaux, ainsi que de la condensation du mucilage concret qui existe
ous la couche superficielle.

En observant cette couche inférieure, on remarque en outre que les grains ont un degré
e translucidité variable, et se trouvent même dans un état d'alongement, qui semblerait
hez eux une tendance vers l'état fibreux ou vasculaire. Mais, à l'approche des Ostioles, nous
oyons disparaître cette disposition par lignes obscures et diaphanes : si l'on y remarque
ncore des inégalités de transparence, celles-ci ne suivent plus une direction longitudinale,
t se présentent en quelque sorte sous une forme aréolée. En outre, les grains de la fronde ne
e rangent plus par séries; ils constituent une agglomération dans laquelle ils se trouvent
ous contigus, et jouissent d'une demi-transparence qui devient enfin très-uniforme autour
e l'orifice de l'ostiole.

Les Séminules sont grosses, d'un brun sombre et de forme variable : elles se trouvent
ourtement ovales, ou comme globuleuses; d'autres fois turbinées, pyriformes ou obconiques,
ès-obtusément arrondies à leur extrémité supérieure et plus ou moins pointues infé-
ieurement : dans un état que je considère comme d'avortement, elles sont menues ou fort
troites, oblongues et subcylindracées, ou raccourcies et anguleuses; parmi celles-ci j'en ai
marqué qui étaient un peu arquées longitudinalement. Toutes ces graines sont enveloppées
une tunique hyaline d'une telle finesse, qu'il faut la chercher attentivement pour en
connaître la présence.

Les Microphytes ont un aspect peu fructiculeux : leurs frondules, plus ou moins fastigiées,
nt ovales-oblongues, quelquefois ligulées, arrondies obtusément à leur sommet, ou un
eu resserrées en pointe, et occupées intérieurement par une substance grenue, laquelle les
mplit en totalité, sans laisser à l'entour un bord diaphane. Elles m'ont paru manquer
ns quelques conceptacles.

Les Sétules fructuaires sont très-déliées, hyalines, divisées en quelques dichotomies à
gments alongés, cylindriques, plus ou moins grêles; contractées sur leurs articulations
i forment souvent une petite ligne transversale diaphane. Cette transparence de la cloison
vient surtout fort remarquable par la présence d'une matière comme grisâtre, qui se trouve
sez souvent dans l'intérieur du tube, et s'arrête contre elles, tantôt d'un seul côté et tantôt
s deux. Ces mêmes tubes contiennent souvent une espèce de filament interne, ordinaire-
ent tortueux et d'une couleur grisâtre plus ou moins obscure : quelquefois il se divise par
onçons, au lieu de rester continu. D'autres dichotomies ne contiennent qu'une matière
r petites masses ou grains épars. J'ai encore observé des sétules à filaments renflés et assez

épais, atténués à leurs extrémités et munis intérieurement de petits grains d'une coule
grisâtre, plus ou moins abondants.

J'ai remarqué parmi ces divers filaments, deux espèces de souches planes, d'où s'élevaie
plusieurs jets assez courts, atténués vers leur partie supérieure; ils étaient composés d'
ticles superposés qui présentaient une analogie frappante, dans leur ensemble, avec
phalanges des doigts de pieds d'un oiseau.

Ici, les Filaments à clavettes sont fort grêles; ils out ordinairement leurs cloisons t
distantes, fort-minces, moins diaphanes que le tube et peu saillantes de chaque côté. Le
ensemble compose un plexus anastomosé par de fréquentes ramifications latérales, qui laiss
au point de leur rupture un tronçon plus ou moins proéminent, assez sombre, lequel
trouve entouré d'un cercle plus opaque, formé par la membrane du tube. Quelquefois
point de rupture ne se présente que comme tubercule, d'une apparence assez analog
aux fructifications de certaines conferves. Je n'ai observé cet effet que sur cette se
thalassiophyte.

Les loges séminifères sont formées d'un mucilage solidifié en une membrane diapha
qui renferme beaucoup de grains épars dans sa substance. Elle se trouve parcourue en t
sens par de nombreux vaisseaux, dans lesquels on observe une matière d'un gris-verdâ
par masses irrégulières, inégales, mais sans offrir ici cet aspect mésentériforme qu'ils
chez d'autres espèces.

EXPLICATION DES FIGURES.

A. La plante entière dans l'état *patens*, et B représentant la variété *congestus*.

C. Portion d'un conceptacle prise dans sa partie moyenne, offrant les grains dont se compos
    couche superficielle.

D. Autre fragment où l'on découvre en outre les grains de la couche inférieure.

E. Les séminules sous les diverses formes qu'elles prennent dans les loges fructuaires.

F. Microphytes.

G. Sétules fructuaires.

H. Souches surmontées de filaments ornithopodioïdes.

I. Les filaments à clavettes..

K. Portion de la membrane qui compose les loges séminifères.

6. VAREC MICROPHYLLE.   FUCUS MICROPHYLLUS. [Pl. 18.]

F. fronde debili evesiculosa, infernè filiformi, laciniis linearibus integerrimis
olychotomis fastigiatis, patentibus, nervo parùm crasso, ad apices usque con-
picuo : conceptaculis parvis indivisis, ovatis vel ovato-oblongis, lacinia termi-
ali subduplò latioribus.

F. Microphyllus. DIP. herb. Terræ-Novæ mus. Par. 1817.

Je n'ai rencontré cette espèce que dans la partie nord de l'île de Terre-Neuve : elle croît
r les rochers qui entourent le havre Oudidou, dans la Baie aux lièvres; et sur ceux du
nd de la baie du Carouge, le long de la côte orientale, etc.; dans quelques anses de la baie
ngornachoix, sur la côte occidentale. Il paraît qu'elle habite toute cette extrémité de l'île,
ais elle n'y est jamais nulle part en grande quantité : elle vit dans la partie supérieure de
région des *Fucus,* ainsi que les *F. Miclonensis, spiralis* et le *canaliculatus* d'Europe.

Les frondes de ce Varec chétif s'élèvent de 9 à 14 centimètres au plus, sont minces et
alogues à celles du *F. spiralis* par leur nature, leur couleur, quelques torsions sur elles-
êmes, et par la présence d'une nervure, qui, malgré son état médiocre, se distingue jusqu'à
r extrémité supérieure; mais elles s'éloignent de celui-ci par leur subdivision polycho-
ue, par le peu de largeur de leurs segments, qui n'égalent au plus que celle des lanières du
  Miclonensis var. *patens,* et dont les aisselles se trouvent également ouvertes. En outre,
bas de ces ramifications est plus grêle que dans cette autre espèce, dont la forme de ses
ictifications la distingue essentiellement, ainsi que du *F. spiralis,* Lin. Ses frondes sont
mbantes, ayant leur extrémité inférieure très-grêle et plus ou moins longuement filiforme;
es se partagent en dichotomies nombreuses, fastigiées et ouvertes, qui sont uniformes,
ijours privées de vésicules, et vont en s'élargissant d'une manière linéaire jusqu'aux avant-
rnières bifurcations, sans excéder plus de 3 millimètres traversalement. La nervure longi-
linale dont elles sont munies est médiocre, peu saillante et prolongée jusqu'aux sommets,
  elle se distingue bien par la transparence : le reste de la fronde est à peu près opaque.
s dichotomies terminales sont les plus ouvertes, et portent de petits conceptacles ovoïdes
obtus, longs de 7 à 9 millimètres, ou quelquefois oblongs, plus pointus, et alors longs
  12 à 14 millimètres; ils sont gonflés, environ moitié plus larges que la lanière terminale,
munis de tubercules saillants, assez gros proportionnellement à leur volume.

On rencontre quelquefois sa fronde un peu plus large, et ses conceptacles par conséquer
plus grands, se trouvent de forme ovale ou ovale-oblongue, ce qui devient un passage ent
cette espèce et le *F. vesiculosus ;* mais la plante diffère tonjours de celui-ci par une privatic
totale des vésicules. Elle se distingue aussi du *F. spiralis* par ses fructifications, qui ne forme
point par leur réunion, des espèces de grappes sur des branches latérales.

OBSERVATIONS MICROSCOPIQUES.

La couche superficielle des conceptacles nous offre des grains par séries longitudinales, c
dinairement un peu tortueuses, et souvent séparées entre elles par un intervalle assez d
phane: la plupart se subdivisent ou se confondent avec celles qui les avoisinent. Les grai
dont elles se composent sont inégaux, tantôt globuleux et tantôt anguleux d'une manière
régulière: beaucoup sont oblongs et placés selon la direction des séries; les autres, mais pl
rarement, d'une manière transversale. Ces grains sont d'une couleur rembrunie ainsi que s
la fronde elle-même: ils reposent sur une couche formée de grains analogues, mais plus gr
plus transparents, de couleur jaunâtre et qui sont distribués sans ordre. Autour de l'Osti
les grains de la couche extérieure perdent leur direction en séries longitudinales, pour
prendre une circulaire, parallèlement à la circonférence de cette ouverture.

Chaque loge séminifère est formée par une membrane assez solide, qui se compose d
mucilage concret un peu verdâtre, contenant des petits vaisseaux entremêlés confusémer
cette substance qui forme le placentaire, renferme une grande quantité de petites masses
peu opaques, qui lui donnent par la transparence, un aspect grenu ou arenacé. La face
terne de cette membrane constitue le placentaire et c'est sur elle que s'implantent immédia
ment les fructifications et les nombreuses sétules dont elles sont accompagnées.

Les Séminules sont ovoïdes, plus rarement ovales, quelquefois encore comme globuleus
on en rencontre d'oblongues qui sont moins grosses que les précédentes, et dont l'extrém
inférieure se resserre plus ou moins en pointe. Toutes sont revêtues d'une tunique hyali
qui les enveloppe souvent d'une manière assez lache.

Nous voyons ordinairement les Sétules fructuaires, dépasser comme un gramen épais
bord des fragmens de la membrane placentairienne qu'on soumet au microscope : elles s
d'une longueur assez uniforme, très déliées, comme simples ou peu rameuses et renferm
souvent une matière qui donne à leur partie supérieure une teinte un peu rembrunie; c
extrémité devient un peu épaissie chez celles-ci, tandis que d'autres conservent une fines
peu-près uniforme, et restent complètement transparentes : d'autres sétules enfin se trou

enflées graduellement d'une manière très-remarquable au-dessous de leur partie moyenne.
Toutes ces sétules ne présentent qu'un petit nombre d'articulations : celles-ci sont en général
fort peu distinctes, légèrement contractées et même d'une manière presque insensible sur
les filaments les plus déliés.

Je n'ai point vu dans ces conceptacles les Microphytes telles qu'elles existent chez les autres
Varecs, c'est-à-dire en petites végétations rameuses : je dois même les supposer fort peu nombreuses, n'en ayant rencontré que quelques frondules détachées, solitaires et éparses parmi
l'ensemble des diverses substances que je viens de décrire ci-dessus. Et comme j'ai apporté
les mêmes précautions à l'analyse de ces conceptacles, qu'à celle des autres Varecs, je serais
tenté de croire, ou que les Microphytes resteraient ici dans un état extrêmement simple,
c'est-à-dire non ramifié; ou bien qu'il y aurait une époque où elles se détruiraient, s'échappe-
raient par l'Ostiole pièce par pièce, en même temps que les séminules, et alors je n'aurais plus
trouvé que les derniers débris des microphytes de cette plante.

EXPLICATION DES FIGURES.

A. La plante entière ; et B. dans l'état où la fronde est plus large.

C. Fragment d'un conceptacle, présentant les grains de la couche superficielle, ainsi que la ma-
ière dont ils se disposent autour de l'ostiole de chaque loge séminifère.

D. Une partie de la membrane qui forme ces loges, vue sur sa face interne.

E. Les séminules dans leurs divers états.

F. Diverses Sétules fructuaires.

G. Frondules solitaires, paraissant remplacer ici les microphytes rameuses.

5° VAREC FILIFORME.   FUCUS FILIFORMIS. [Pl. 19.]

F. fronde tenui polychotoma integerrima evesiculosa, infernè attenuata et
filiformi, nervo plerùmque sub obsoleto; dichotomiis ad basin contractis, supe-
rioribusque plantæ parte media angustioribus, in frondibus sterilibus linearibus :
conceptaculis terminalibus tereti-compressis, linearibus vel lineari-lanceolatis,
acutis, grossè tuberculatis, lacinia suprema latioribus.

filiformis, Gmel. hist. Fuc. I. A. f. I : *F. linearis*, fl. D. t. 351 ; Gunn. fl. Norveg., 2, p. 104, n° 835 ;
F. distichus, Linn. syst. nat. 11, p. 716 ; Turn. hist. Fuc. t. 4 ; Lam*. Ess., p. 19 ; Ag. sp. alg., p. 94 ;
Lyngb. hydr. Dan., p. 6, t. 1 : *F. ceranoides*, Wahl. fl. Lapp., p. 90 : *F. linearis*, fl. Dan., t. 351.

Ce petit Varec habite dans la partie des rochers où l'eau ne parvient qu'au moment de s
plus grande élévation, ou plus ordinairement dans les concavités de cette région, qui rester
toujours remplies à marée basse : mais il n'y vit qu'auprès de la surface des eaux, et c'e
dans cet endroit qu'il atteint le plus de développement. Je ne l'ai rencontré qu'à l'î
St.-Pierre, particulièrement à l'ilot nommé l'Ile aux Chiens, du côté de l'entrée de la ra
qu'on appelle la PASSE DU SUD. On trouve cette plante avec ses fructifications adultes après
fonte des neiges, c'est-à-dire au commencement de juin.

Les proportions chétives de cette espèce et la hauteur de la région au-dessous de laquelle e
ne descend jamais, la font représenter ici le *F. canaliculatus* des côtes d'Europe : mais elle
distingue de celui-ci par ses frondes planes et plus minces, par la présence d'une nervu
longitudinale et la forme de ses fructifications.

Elle compose des touffes denses, hautes seulement de 8 à 13 centimètres, qui se tienne
étendues horizontalement sous l'eau, et deviennent ensuite pendantes quand la mer les aba
donne. L'extrémité inférieure des frondes constitue une petite tige cylindrique, qui s'attache
rocher par un écusson orbiculaire. Cette tige est assez épaisse relativement à la plant
lorsqu'elle reste solitaire, mais quand l'écusson devient une espèce de souche commune
plusieurs individus, leurs jets se trouvent pour lors aussi grèles inférieurement que
ramifications de ce Varec, dans l'état précédent.

La fronde est large au plus de 3 millimètres dans sa partie moyenne, d'un vert olivâtr
plus ou moins sombre, mince, fort lisse à sa superficie, toujours privée de vésicules et trè
entière en ses bords : elle devient fort menue et comme filiforme à sa base, et se trouve mu
d'une nervure longitudinale, laquelle n'est guère sensible que dans la partie moyenne de
plante, et finit par disparaître extérieurement à ses sommités. Cette fronde se subdiv
en bifurcations nombreuses, le plus ordinairement élargies d'une manière graduelle v
leur extrémité supérieure, fastigiées avec assez de régularité, presque opaques, excepté v
le sommet des dichotomies qui devient plus pâle, comme jaunâtre et d'une transparer
uniforme par l'oblitération de la nervure longitudinale. Celle-ci est toujours fort peu saillan
en dehors, assez opaque par la transparence, excepté sur les dichotomies terminales,
son prolongement devient quelquefois plus diaphane que les parties voisines : sur certa
échantillons la nervure s'efface même complètement.

Les frondes stériles ont l'extrémité de leurs lanières le plus souvent bifide, aussi la
ou même plus que les dichotomies précédentes : d'autres fois elles se trouvent au contra
graduellement plus étroites et entièrement linéaires.

Les conceptacles sont plats, assez courts, lancéolés ou linéaires-lancéolés, seulement longs
d'un centimètre ou environ, un peu plus larges que les lanières à l'extrémité desquelles ils
sont placés : ils se trouvent très-fortement bosselés par les loges séminifères, qui se relèvent
en dehors en gros tubercules opaques : tantôt ces loges se multiplient de manière à occuper
toute l'étendue des conceptacles et tantôt elles sont éparses ou disposées par lignes transversales plus ou moins distantes. Le développement fort remarquable de ces loges conjointement
avec leur protubérance, sont des caractères qui distinguent bien ce varec de celui qui précède, ainsi que ses dichotomies moins ouvertes, ses frondes plus petites, plus étroites et
plus minces.

β.   V. filif. A LONG FRUIT.   *F. filif. LONGIFRUCTUS.* [Pl. 20.]

F. frondibus longioribus ; dichotomiis sub-uniformiter linearibus, ultimis
angustioribus : conceptaculis elongato-linearibus subteretibus ; lacinia terminali
earùm latioribus.

F. filiformis, β. *longifructus.* DIP., herb. Terræ-Novæ, Mus. Par., 1821.

Cet état doit être distingué de la plante précédente comme variété, en raison de la
longueur des frondes et de celle de leurs conceptacles : ceux-ci ont jusqu'à 3 centimètres,
sur 2 millimètres seulement de largeur, sont cylindriques, linéaires et très-raboteux par la
protubérance des loges séminifères. La fronde atteint un décimètre $\frac{1}{2}$ de hauteur, sans que
les dichotomies excèdent 3 millimètres transversalement, au-dessus de la partie moyenne de
la plante, où se trouve leur plus grande largeur : mais toute la partie inférieure est extrêmement grèle et même filiforme.

OBS. Comme un état purement dichotome n'est point ce qu'on entend par le mot Distique,
j'ai préféré rétablir ce varec sous le nom de *filiforme* qui lui avait été donné par Gmelin et
qui caractérise fort bien toute la partie inférieure du végétal. La figure de Turner cadre
bien avec mes échantillons que je présente comme l'espèce proprement dite : mais dans le
rameau figuré par Lyngbye, les loges séminifères se trouvent trop petites et beaucoup trop
multipliées ; la plante me paraît en outre appartenir à une autre modification plus grande
du type qui constitue le *F. filiformis* ou *distichus.* Quant à la profondeur où ce varec croît
dans la mer autour de l'Islande, il serait probable qu'il y descendît pour éviter, pendant
l'hiver, le froid rigoureux de la superficie des eaux.

13.

OBSERVATIONS MICROSCOPIQUES.

La superficie des conceptacles nous présente, ainsi que la fronde, une couche de grains p
séries longitudinales, enclavés dans les aréoles d'un tissu réticulaire d'une extrême finesse
dont les fibrilles qui circonscrivent ces aréoles, se trouvent fort distinctes sur le bord c
déchirures, dans les parties d'où les grains se sont détachés. Ces grains sont assez opaqu
tantôt cylindracés et trois à quatre fois plus longs que larges; d'autres fois irrégulièreme
arrondis, quadrilatéraux ou anguleux et d'un brun jaunâtre, plus diaphanes que les préc
dents: étant de grosseur inégale, c'est ce qui rend assez souvent les séries peu distinctes.

Cette couche nous offre à sa superficie des lignes obscures, disposées longitudinaleme
et sans ordre, produite par la réunion des filamens qui se trouvent au-dessous: ceux
sont hyalins, vaguement cloisonnés, subdivisés sans former de dichotomies régulières, cc
fus et de grosseur inégale. Au-dessous de cet appareil filamenteux s'étend une lame de mu
lage concret, relevée en plis tortueux à sa superficie et ne paraissant qu'une agglomération
membranes transparentes.

Les loges Séminifères m'ont présenté des Microphytes qui semblent ordinairement entour
d'un bord hyalin, en ce que leur intérieur renferme une matière seulement diaphane, co
posée de grains assez gros et bien distincts malgré leur finesse. Comme cette substance
trouve réunie en une masse uniforme, qui ne s'étend pas jusqu'à leur contour, chaque
crophyte semblerait ainsi tuniquée à la manière des séminules. Les Microphytes sont ici p
courtes et à frondules plus obtuses que dans le *F. Fueci.*

Les Sétules syncarpiennes, ou filamens qui accompagnent les graines dans les loges sé
nifères, sont amincies à leurs extrémités, subdivisées par dichotomies peu ouvertes à leur b
et n'offrent ordinairement qu'un très-petit nombre de cloisons internes: souvent elles
viennent légèrement arquées.

Dans cette espèce les Séminules ont une forme variable, mais dont nous devons considé
sans doute l'état ovoïde ou elliptique comme le plus parfait: j'en ai rencontré qui se tr
vaient comme sphériques, et d'autres qui étaient anguleuses d'une manière irrégulière. E
sont revêtues ici d'une tunique épaisse ou fort lache, laquelle les entoure, en se tenant p
ou moins écartée çà-et-là, de leur circonférence. La base de ces graines ne forme point
petit appendice descendant au centre de la tunique jusqu'au placentaire: c'est elle seule
vient se souder à celui-ci, en formant une base dont la largeur égale quelquefois le tiers
diamètre auquel elle parvient transversalement par le milieu de la séminule.

EXPLICATION DES FIGURES.

A. La plante entière avec des frondes stériles et d'autres portant des fructifications.

B. La variété *longifructus*.

C. Une portion de la partie superficielle des conceptacles.

D. Les microphytes.

E. Sétules syncarpiennes ou fructuaires.

F. Diverses formes sous lesquelles se présentent les séminules.

SECOND GENRE.

HALIDRYE.   HALIDRYS.

HALIDRYS, Lyngb. hydr. Dan. : FUCI spec. Linn., Turn., Lam^r., De Cand., Ag., etc.

CARACTÈRE.

RACINE. Un écusson conique, de proportions assez grandes.

FRONDE comprimée, rameuse, dichotome, sans côte ou nervure centrale, ngue, assez épaisse et très-solide; se gonflant par intervalles en vessies aéri-res, qui occupent la totalité de son diamètre, et la rendent comme noueuse, ce qu'elles se trouvent deux ou trois fois plus grosses que les parties intermé-aires : les rameaux distiques, amincis à leur origine, et insérés par articulation r les côtés des dichotomies principales ; le plus souvent opposés, mais inégaux; rtant quelquefois encore des vessies caulinaires, et munis eux-mèmes de ssies, lorsqu'ils sont d'une certaine longueur. Cette fronde présente, ainsi e dans les Varecs, une couche extérieure composée de grains par séries lon-udinales; mais les grains se trouvent ici disséminés sans ordre, d'une manière ez uniforme.

FRUCTIFICATION fucoïde, consistant en conceptacles latéraux, multilocu-

laires, épars le long de la fronde et de ses rameaux, fort nombreux, solitaire
ou aggrégés, de forme ovale, ovoïde ou globuleuse; toujours entiers et porté
chacun sur un pédicelle aminci à sa base, laquelle s'attache également à l
fronde par articulation : ils renferment comme ceux des *Fucus*, les Séminule
dans des Loges internes, déhiscentes par un Ostiole un peu proéminent.

Les Séminules, selon Lyngbye et Agardh, de forme variable, mais le plus sou
vent ovales ou pyriformes, et revêtues d'une tunique hyaline : elles sont accom
pagnées de sétules fructuaires en filaments courts et articulés.

Les conceptacles des plantes qui suivent, ne m'ont offert dans leurs log
séminifères que des Microphytes, c'est-à-dire ces petites végétations que Lyngby
ne nous signale que dans le *Fucus serratus* : le reste de leur cavité ne contie
que des filaments à Clavettes; quelques Trichocènes ou tubes vides, inarticulé
noduleux, quelquefois cilifères sur leurs renflements; des filaments Myélophore
c'est-à-dire occupés par une espèce de moëlle jaunâtre; et quelquefois enco
un mucilage concret sous la forme de membranes très-minces.

VÉGÉTATION : espèces vivaces, encore peu nombreuses, atteignant après
Fucus loreus Lin., les plus grandes dimensions en longueur, de toutes les Fucacé
normales qui croissent dans les mers de l'hémisphère septentrional : leu
frondes sont très-souples, quoique fort tenaces et d'une grande solidité, toujou
tombantes et affaissées, quand la mer les abandonne. Les fructifications
développent pendant l'hyver, et disséminent leurs graines au printemps,
durant une partie de l'été.

COULEURS : Le vert olivâtre, plus ou moins rembruni sur la tige; se cha
geant sur les conceptacles en un jaune clair ou fulvescent, quelquefois mé
en jaune assez pur, à l'époque de la maturité.

HABITATION : Dans l'Océan, depuis la zône glaciale inclusivement, jusq
vers la partie moyenne de la région tempérée : croissant parmi les *Fuc. vesiculo*

t *serratus*, sur les rochers qui restent assez long-temps découverts à chaque
narée.

OBSERVATIONS SUR LE GENRE HALIDRYE.

J'ai vu avec surprise qu'un caractère extérieur d'organisation, quoique bien remarquable
ans ces végétaux, n'ait pas encore été saisi par les auteurs : c'est le mode d'insertion de leurs
rameaux et de leurs pédoncules, par articulation, sur les côtés de la fronde. Les Halidryes
ont les seules Fucacées qui nous offrent cette structure; elles se distinguent en outre des Varecs proprement dits, par l'état pédicellé de leurs fructifications; par leurs vessies aérifères
qui au lieu d'être latérales, s'établissent au milieu de la fronde, et lui donnent même un
aspect comme noueux, en augmentant considérablement son diamètre; enfin par leurs nombreuses fructifications et leurs branches latérales, lesquelles ne résultent point d'une subdivision du jet principal, par dichotomies plus ou moins répétés.

Lorsque nous ne connaissions encore qu'un seul état du *Fucus nodosus*, Lin., plante qui
forme le type du genre HALIDRYE, il était dans l'ordre de la rapporter aux *Fucus*, parce qu'un
genre doit être une réunion d'espèces; mais ayant rencontré moi-même parmi ce *Fucus nodosus*, des modifications qui me paraissent susceptibles d'être considérées comme espèces, j'ai
senti la nécessité de suivre l'exemple de Lyngbye et d'adopter son genre *Halidrys*. Je ne
dissimulerai pas que, si ces végétaux ont d'un côté des caractères d'après lesquels nous
puissions les considérer comme espèces, ayant déjà observé dans la série des Algues pélagiennes, tant d'intermédiaires par lesquelles la distinction des deux extrêmes d'un type pri-
mitif, se trouve infirmée presque péremptoirement, j'ai lieu de craindre que nos Halidryes
ne soient pas exemptes d'un pareil enchaînement, et je m'empresse de le signaler par les variétés que j'indique. Des observations ultérieures nous mettront à même de statuer s'il y a
un terme où les affinités s'arrêtent ici, ou bien si ces thalassiophytes se lient toutes réciproquement par une transition graduelle. C'est pour ce motif que je m'attacherai à décrire scru_
puleusement chacune des particularités de leur structure.

Les Halidryes n'offrent point de différence avec les Varecs proprement dits quant à leur
couleur, à leur nature, à la structure interne de leur fronde et de leurs fruits, ni enfin sous
le rapport des époques de leur végétation. Vivant parmi eux, elles abondent dans les localités qui leur sont favorables, et se plaisent également dans les mers glaciales de l'ancien et
du nouveau continent, d'où elles descendent jusque dans la région moyenne de la zone

tempérée. Il paraît même que c'est dans les eaux froides que leurs frondes se diversifie
davantage, car voilà quatre à cinq formes différentes que nous observons dans ce ty
uniquement autour de Terre-Neuve, tandis que les côtes de France ne m'en ont offert qu'u
seule; et l'espèce figurée par Lyngbye diffère encore des précédentes, ayant ses fructific
tions sphériques. Présumant que les mers australes reproduiraient quelques-unes de c
Halidryes, j'ai parcouru les diverses collections du Muséum; mais, comme je n'y ai re
contré aucune de ces plantes, je suis fondé à les considérer comme particulières à l'hé
sphère septentrional.

Les espèces connues jusqu'à présent ne nous présentent que des frondes plan
comprimées ou demi-cylindriques, jamais entièrement rondes, et ne portant que
rameaux latéraux. Le point d'où ceux-ci doivent sortir sur les lanières terminales, ai
que sur celles placées près de la base des ramifications, s'annonce par une légère entail
qui forme une espèce de petit sinus ou dentelure marginale. Ces dentelures sont assez m
quées dans les *Halidrys congesta* et *elliptica*, mais peu sensibles chez les *H. intermedia*
gracilis : chacune d'elles devient un peu saillante pendant l'accroissement. C'est du p
sinus qui existe au-dessus que sort un bourgeon, et celui-ci se développe plus tard, soit
une autre lanière, soit en conceptables fructifères. Mais la base de ces nouvelles parties
toujours amincie ; et comme ces végétaux ne se ramifient point, ainsi que les *Fucus*, par
simple subdivision d'une tige ou fronde continue, ici chacune des branches ou des lanières
térales nous présente une intersection ou articulation, produite par un léger étrangleme
lequel se forme au-dessous du petit bourrelet circulaire, ou bien du renflement qui les t
mine. Tantôt ce renflement se fixe lui-même immédiatement au fond du sinus, et tantôt il
est distant par un petit article cylindrique, fort court, à peu près égal en grosseur au je
rameau qui s'établit sur son sommet : mais cet article interpositif ne se rencontre jamais s
le pédoncule des conceptacles.

Comme les branches ainsi que les fructifications sortent très-souvent plusieurs ensemble
même point, et sont inégales tant en longueur qu'en grosseur, il en résulte que la plante, n
gré leur état distique, opposé ou alterne, n'offre aucune régularité dans son ensemble :
voit même quelquefois des rameaux, ou des fructifications, naître sur le côté même
vésicules innées le long des frondes, particulièrement dans les individus très-branchus.

Enfin l'état dichotome s'observe assez rarement le long des tiges de ces hydrophytes : il
plus commun sur les lanières du sommet des divisions principales, lesquelles forment un
étroit, linéaire, qui se bifurque lui-même fort souvent et acquiert plus ou moins de longue
selon les espèces ou variétés.

N'ayant point rencontré les Halidryes que nous allons décrire, au commencement de la belle aison, je n'ai plus trouvé de Séminules dans leurs conceptales : les échantillons que j'ai reueillis au mois de septembre, ont des fructifications fort jeunes encore, et ceux de l'*Halidrys elliptica*, récoltés au mois de juillet 1819, à l'île Saint-Pierre, ne contiennent plus que les Microphytes, ayant déjà répandu complètement leurs graines avant cette époque. Il serait alors important de suivre le développement de cette Thalassiophyte, afin de reconnaître, si par hazard ses loges séminifères ne produiraient que des microphytes chez certains individus, ou bien si elles finiraient après la dissémination, par s'en remplir totalement, ainsi que celles de notre *Hal. β elliptica*.

La cavité des conceptacles présente ici, de même que dans ceux des Varces proprement dits, des filaments à Clavettes, tortueux et divisés d'une manière irrégulière : leurs articles ont courts et assez épais dans certains filaments ; chez d'autres ils se trouvent déliés, linéaires et alongés ; chez d'autres enfin ils deviennent resserrés, ou même encore comme étranglés auprès de chaque cloison. Leur intérieur contient une matière grenue qui les remplit quelquefois en totalité, ou bien ne forme plus qu'une espèce d'axe central, grêle, lequel contine aux cloisons par ses deux extrémités.

En complétant alors nos recherches sur ces conceptacles, par celles de Lyngbye, nous es voyons renfermer des Sétules fructuaires et des graines tuniquées : j'y ai rencontré en outre une couche de mucilage concret, les filaments à clavettes et les microphytes dans leurs loges séminifères, substances que cet auteur n'a pas mentionnées, non plus que Agardh dans son *pecies* des Algues. Cette couche de mucilage concret n'existant pas dans les divers *Fucus* que ai analysés, devient encore par conséquent pour les *Halidrys*, un caractère distinctif.

Les Halidryes ont, de même que les Fucus, la couche extérieure de leurs frondes composée e grains rembrunis, enclavés dans un mucilage concret assez transparent : mais ces grains, u lieu d'être disposés comme chez ceux-ci par séries longitudinales, se trouvent tous épars insi que dans la Furcellaire et isolés les uns des autres par un intervalle à peu près égal à ur diamètre. Ces grains sont d'une grosseur assez uniforme, arrondis ou un peu alongés, rt souvent anguleux et d'un brun sombre tirant sur le roux. En examinant attentivement intervalle qu'ils laissent entre eux, on le voit partagé par une ligne qui suit leur contour à uelque distance, comme si ce contour était muni sur chaque grain, d'un bord diaphane, qui souderait avec celui du grain opposé. J'ai fait ces observations sur des portions de la onde, prises vers sa partie moyenne.

Une coupe transversale de celle-ci prise dans la même région, nous offre à la vue sim-

ple, cette lame extérieure très-colorée, enveloppant comme une couche corticale, une sub
tance d'un blanc un peu jaunâtre, laquelle compose d'une manière très-uniforme tout le ce
tre du végétal. Le microscope m'a fait reconnaître que cette couche extérieure était form
de grains réunis en séries rayonnantes, qui rentrent plus ou moins avant dans la mas
interne. Ces grains sont de grosseur variable : les plus colorés, en même temps que les pl
petits, sont les extérieurs : les suivants deviennent plus gros, de forme variable, arrond
ou anguleux et d'une couleur jaunâtre ; ils se trouvent enfin bientôt isolés, plus transl
cides et de plus en plus écartés entre eux, lorsqu'ils viennent à se disséminer dans la par
centrale.

Un mucilage concret, vaguement cellulaire, constitue la masse interne : il est encore parsen
de grains, mais fort distants et très-inégaux, assez ordinairement alongés, subcylindriqu
obtus ou pointus à leurs extrémités. Cette masse est mêlée de fibrilles entrecroisées lâcheme
dans tous les sens, lesquelles ne sont autre chose que de petits tubes tortueux ou vagueme
arqués, fort resserrés par intervalles, et composant ainsi des articles alongés, qui se renfle
graduellement chacun, dans leur partie moyenne. La cavité de ces tubes est occupée par u
matière jaunâtre, qui s'arrête vers ces étranglements, où la membrane du tube reste da
toute sa transparence hyaline.

Avant de prendre une forme arrondie, les conceptacles sont comprimés et même presq
planes chez certains individus pendant leur première jeunesse. Ils se trouvent alors comr
divisés intérieurement par une couche d'une certaine épaisseur, composée d'une membra
extrêmement délicate, de la transparence vitrée la plus parfaite, accompagnée d'une multitu
de vaisseaux tortueux (les MYÉLOPHORES), irrégulièrement anastomosés ou même soudés l
uns aux autres de manière à ne plus former qu'un plexus très-confus, et dans lesquels on
distingue quelquefois aucunes cloisons. D'autres fois celles-ci sont plus manifestes et elles la
sent entre elles un intervalle qui varie en longueur depuis deux jusqu'à trois fois le diamèt
du tube : il arrive même, dans ce dernier cas, que les cloisons en deviennent quelquefois
partie la plus rembrunie. Tous ces vaisseaux contiennent une substance jaunâtre tr
finement utriculaire, qui se présente comme une espèce de moëlle, tantôt sous la forme
tronçons plus ou moins alongés, ou tantôt par masses fort inégales. Ses intersections
paraissent provenir ordinairement que de ruptures qui lui seraient propres, sans résulter de
structure du tube qui la renferme.

Les conceptacles contiennent une troisième sorte de filaments, que j'ai nommés TRICHOCÈN
en raison de leur état entièrement vide : ce sont des tubes hyalins au degré le plus parfa

ans cloisons internes, subnoduleux, quelquefois simplement striés sur leurs renflements, et
d'autres fois munis sur ceux-ci de cils plus ou moins développés.

Mais je n'ai plus rencontré cette membrane hyaline dans les conceptacles qui étaient devenus cylindracés: toute leur cavité ne contenait que des filaments à Clavettes, composés d'ar-
icles trois à quatre fois plus longs que larges; et comme leur couleur d'un gris jaunâtre, s'ar-
était à quelque distance de leurs cloisons, celles-ci paraissaient comme isolées, par l'effet
du tube, réduit sur ce point, à son entière transparence. Je dois néanmoins observer que
et état n'est pas constant, car j'ai rencontré sur d'autres conceptacles, ces mêmes filaments,
où le tube n'offrait plus cette apparence d'interruption, la substance colorante s'étendant
même jusqu'aux cloisons.

Durant la maturation cette masse de filaments acquiert un développement successif, par lequel le conceptacle se tumifie de plus en plus, et finit par devenir cylindrique: mais les loges
séminifères restent d'une grosseur fixe, et leur volume ne surpasse jamais 1 millimètre transversalement. Ces loges sont éparses, ou disposées par séries irrégulières, et d'une grosseur
toujours uniforme. Il suffit de faire macérer pendant quelque temps un conceptacle dans
eau douce, pour qu'on enlève facilement en bloc tous les filaments qu'il renferme: alors
es loges restent à nud, et s'offrent toutes à nos yeux sous la forme de petites verrues, d'un
ouge très pâle, qui tranche assez avec la couleur olivâtre du reste du fruit.

La dissémination dans les Halydries, ne peut avoir lieu, de même que chez les Varecs,
que par l'expulsion des séminules hors de la loge qui les recèle. Comme ces graines sont
accumulées dans chaque cavité fructuaire, la pression réciproque qu'elles exercent en se
développant, pourrait seule déterminer la rupture du petit Podosperme ou funicule, qui les
fixe à la paroi interne. Cette rupture est facilitée sans doute, au temps de la maturité, par
la cessation de la force végétative, et le Podosperme perd alors cette ténacité dont il jouissait
primitivement, ainsi que nous voyons cette qualité disparaître à la même époque dans le
tubercule ou crampon radical de beaucoup d'hydrophytes. Les sucs aqueux dont tout le
conceptacle se pénètre par une absorption générale, deviennent en outre un véhicule qui
facilite la dissémination, en emportant les graines par l'ostiole ou petit canal placé au
sommet de chaque loge.

La dissémination est secondée en même temps puissamment chez ces végétaux, par cet amas
de vaisseaux ou fibrilles entremêlées, qui occupent le centre de la fructification. Les conceptacles encore planes au moment où les graines, développées les premières, ont acquis déja
leur maturité, se tuméfient jusqu'à devenir ici elliptiques ou globuleux, et d'une forme plus

14.

ou moins cylindrique dans les Varecs, selon les espèces. Comme les loges séminifères c
dans tous une dimension fixe, le systême fibrilleux augmentant lui seul, détermine cet accro
sement de volume, en réagissant contre les parties latérales : il en résulte donc une'pressi
successive, laquelle nécessite la sortie de toutes les séminules, à mesure qu'elles parvienne
à leur maturité. Ayant oublié de placer cette explication dans nos considératious généra'
sur les Fucacées proprement dites, je m'empresse de réparer ici cette omission, vu que '
auteurs n'ont encore rien écrit sur ce sujet.

ESPÈCES.

1° HALIDRYE ENTASSÉE.   HALIDRYS CONGESTA. [Pl. 24.]

H. compressa, ramis ramulisque confertissimis fasciculatis, fronde prima
multò minoribus; conceptaculis aggregatis, parvis, longitudine variantibu
infernè tantùm solitariis : vesicis sparsis, pedunculo 3-5 brevioribus; in fron
ramisque præcipuis sat magnis, cæterùm exiguis.

Fuci nodosi Linn. Turn. Lam*., *Halidrys* que *nodosæ* Lyngb., insignis varietas : *H. congesta*, D
herb. Terræ-Novæ, mus. Par., 1821.

Je rencontrai cette Hydrophyte au commencement de septembre 1820, dans la partie nc
de Terre-Neuve, en parcourant, avec M. de Robillard, les environs de Quirpont. Elle ét
assez abondante pour me faire présumer qu'elle croissait autour des rochers que nous ap
çevions en mer, à quelque distance de la côte.

On reconnaît sur-le-champ cette Fucacée, parmi toutes les variétés de forme que nous p
sente le type générique du *F. nodosus* de Linné, par l'état fasciculé de ses rameaux le lo
du jet principal; ensuite par la multitude ainsi que par la petitesse des branches et des
nières dont tous les rameaux se trouvent chargés latéralement et même comme recouver
Les frondes principales n'excèdent guère 4 à 5 décimètres de longueur, sont plates et lar
au plus de 4 millimètres : elles sont munies çà et là de vessies assez grandes, qui atteign
quelquefois au-dessus de la partie moyenne du végétal, 2 centimètres environ de longueur
8 à 9 millimètres de largeur. Ces vessies ont encore une grosseur assez remarquable vers
bas des branches principales, mais du reste elles sont petites et ne se trouvent guère qu
nombre d'une à deux au plus sur les rameaux partiels. Les sommités se terminent par

ère linéaire, comme dentée latéralement, obtuse, assez souvent bifurquée, beaucoup plus
·te que dans la variété B. *intermedia* de la plante suivante, n'ayant que 2 centimètres en-
·n de longueur. Des lanières analogues croissent latéralement au bas des frondes, ensuite
·ur de l'insertion de leurs ramifications, où elles concourent par leur état fasciculé, à
·lre la fronde si densement rameuse. Toutes ces lanières sont étroites, linéaires, à peine
·es de 2 millimètres : elles deviennent comme un peu dentelées ou crénelées en leur bord,
·une légère entaille marginale qui se forme sur le point où doivent naître par la suite les
·ceptacles, ou de nouvelles ramifications : elles ont leur sommet ordinairement obtus,
·vent comme tronqué, et quelquefois échancré dans celles du bas des frondes principales.
·es fructifications, fort nombreuses sur cette espèce, restent probablement très-petites ;
·· sont solitaires ou réunies plusieurs ensemble et presque toujours de longueur inégale.
·· conceptacle qui me paraît loin d'être adulte, est ovale ou comme globuleux, fort petit,
·isément arrondi à son sommet, à peine long de 4 millimètres et large de 2 : son pédicule
·x ou trois fois plus alongé, est souvent presque aussi large dans sa partie supérieure, plane
·raduellement aminci vers sa base. La plupart de ces fructifications sont encore si jeunes,
·lles ne se présentent, au bout de leur pédicule, que sous la forme d'une petite massue.
·ans cette plante, la tige a une largeur remarquable qui contraste avec l'état fort étroit de
·ameaux de second et troisième ordre. Ceux-ci sont en outre très-uniformes et munis de
·cules fort petites, comparativement à la grosseur de la fronde : on rencontre quelquefois
·re d'assez grosses vessies dans la partie inférieure de ses principales ramifications. Je
·· que cette Hydrophyte est fort rare.

EXPLICATION DES FIGURES.

La plante entière avec ses conceptacles encore très jeunes.

Un tronçon du bas de la fronde, près de l'écusson radical.

Une portion de la fronde coupée transversalement dans la partie moyenne des rameaux.

Un fragment de la substance qui constitue l'intérieur de la fronde.

Fragment présentant la disposition des grains de la couche superficielle.

Un conceptacle coupé transversalement, pour exposer sa structure interne.

2° HALIDRYE NOUEUSE.   HALIDRYS NODOSA. [Pl. 25.]

β. Var. ELLIPTIQUE.   *Var.* β. *ELLIPTICA. N.*

H. major, fronde valida, compressa, ramis fasciculatis, supernè parcè dich
toma; vesiculis magnis ellipticis : pedicellis inæqualibus, plerùmque congregat
conceptaculo terminali dimidio brevioribus; conceptaculis ellipticis ovatisqu
pediculo basi attenuato multùm latioribus, ac frequenter unacum ramis en
centibus.

H. nodosæ, Lyngb., Hydr., Dan., p. 37, Var.: *Fuci nodosi*, Linn., Turn., De Cand., Lam*., etc. V.
Hal. nodosa β *elliptica*, DIP. herb. Terræ-Novæ, mus. Par. 1821.

Cette algue est commune sur les rochers qui se trouvent dans le port de l'île Sai
Pierre: elle y habite vers la partie inférieure de la région du *Fucus vesiculosus*. Je
rencontrée aussi sur les rochers des anses de l'île Langlade, aujourd'hui jointe à celle
Miclon : ensuite à Terre-Neuve, dans quelques golfes de la baie du Désespoir, située
milieu de la côte méridionale; enfin à la baie Saint-Georges, qui se trouve à l'extrén
Sud de la côte Occidentale. Si cette hydrophyte croît dans le Nord de Terre-Neu
elle y est du moins fort rare.

La plante nous offre ici les plus grandes dimensions auxquelles elle parvient aut
des îles que nous venons de citer : quoique chargée de rameaux et de nombreuses fi
tifications elle est beaucoup moins dense que celle qui précède; mais elle est plus grande
frondes plus larges, à vessies plus grosses. Elle a communément six à huit décimètres
longueur, et ses frondes principales une largeur de quatre à six millimètres: celles-ci s
attachées avec une solidité très-remarquable par un écusson assez grand et de forme coniç
elles sont comprimées, munies latéralement de rameaux le plus souvent fasciculés, div
dans leur partie supérieure en quelques dichotomies vagues et munies par intervalles
grosses vessies elliptiques, dont les plus remarquables sont longues de deux à trois ce
mètres et demi, sur quatorze à dix-huit millimètres de largeur. Les rameaux sont distiq
comprimés, souvent réunis plusieurs ensemble au même point, munis également de vésic
innées, mais un peu plus petites; amincis à leur origine et attachés par articulation à
que les pédicelles. Ces rameaux sont le plus souvent opposés ou alternes, eux-mê
branchus, quelquefois situés sur le côté des vessies caulinaires, égaux en largeur aux
principaux, excepté lorsqu'ils n'ont que des proportions médiocres.

Les conceptacles sont pédiculés et naissent ordinairement plusieurs ensemble, surtout
u point d'où sortent les rameaux; ils se trouvent sur ceux-ci tantôt solitaires, tantôt
éminés ou en plus grand nombre: ces conceptacles sont ovales ou ovoïdes, quelquefois un
eu oblongs, très obtus à leur sommet, longs d'un centimètre et demi ou un peu plus
ur une largeur de sept à neuf millimètres, et portés sur un pédicule deux ou trois fois
lus court, fort mince à sa base, puis dilaté de plus en plus vers son sommet, ce qui le
nd exactement cunéiforme. Dans cette plante l'extrémité supérieure des frondes et de
urs ramifications, projette une lanière ordinairement partagée par dichotomie, en deux
ts plus ou moins divergens, lesquels rappellent assez bien la structure du *Fucus loreus* dé
nné. L'étal ovale et non pas sphérique des conceptacles, distingue éminemment cette
riété de l'individu que Lyngbye présente comme type du son *halidrys nodosa* proprement
te.

OBSERVATIONS MICROSCOPIQUES.

Les divers conceptacles de cette plante appartenant à des échantillons que j'ai recueillis
ns des localités et à des époques différentes, dans l'arrière saison, ne m'ont point offert
séminules, mais la cavité de leurs loges se trouvait uniquement occupée par des Micro-
ytes subdendroïdes, d'un port très-élégant, souvent plus grandes et plus rameuses que
ns les autres Halidryes.
J'ai vu l'article terminal de ces végétations, chez quelques individus, se trouver d'une demi-
nsparence assez uniforme, et revêtu d'une tunique hyaline si délicate, qu'il fallait beaucoup
ttention pour l'apercevoir. On rencontre encore quelques Microphytes dont les articles
branches supérieures, au lieu d'être épaissis, se réduisent au contraire à un simple jet
énué en pointe. Celui-ci renferme une matière qui se subdivise par articles, comme si la
ité se trouvait partagée par des cloisons transparentes.
Les loges séminifères étaient entourées extérieurement dans une direction parallèle à leur
onférence, par les filaments à clavettes, dont le reste de la masse occupait, avec la
che de mucilage concret, l'intérieur du conceptacle. Tantôt ce mucilage compose une
e d'une certaine épaisseur, et tantôt il ne forme qu'une membrane hyaline extrêmement
ue.
Outre les filaments à clavettes, la cavité des conceptacles en renferme de plus gros, qui
t plus ou moins tortueux, à articles plus courts et anastomosés confusément: ils ont

également une transparence vitreuse ou hyaline, ne sont jamais vides et présentent intéri
rement une matière jaunâtre, grenue, médiocrement transparente, assez souvent divisée
masses irrégulières ou par tronçons. Comme elle constitue en quelque sorte pour eux
espèce de moëlle, c'est d'après cette analogie que j'ai désigné ces filaments par le nom
MYÉLOPHORES : ils m'ont paru fort abondants dans l'intérieur des conceptacles de c
hydrophyte.

On en rencontre encore parmi cet appareil filamenteux, une autre sorte de vaisse
que j'ai indiqués par le mot de TRICHOCÈNES, en raison de leur état complètement vide.
sont des tubes parfaitement hyalins, subnoduleux, très-déliés, simples ou quelquefois div
sans cloisons internes : ils ne nous offrent que des espèces de renflements, en forme d'
culations peu protubérantes, quelquefois indistinctes, tantôt simplement striées, ta.
munies de cils verticaux ou peu étalés, et qui se présentent plus ou moins sous l'appar
d'une gaine d'*Equisetum*. Ces filaments, qui sont toujours en fort petit nombre, sont q
quefois d'un diamètre inégal, se trouvant çà et là plus ou moins resserrés: ils ne diffé
nullement ici, de ceux que j'ai rencontrés pareillement dans la fructification de quelques Va
La fronde de cette plante, ne m'a présenté dans sa structure, aucun caractère par le
elle fit exception à ce que nous avons exposé déjà dans l'article des Considérations génér
sur les Halidryes.

EXPLICATION DES FIGURES.

A. La plante entière. — B. Coupe transversale d'un Conceptacle.
C. Portion d'un Conceptacle coupé longitudinalement. — D. Les Microphytes.
E. Filaments à clavettes. — F. Les filaments Myélophores.
G. Autre espèce de filaments que jai nommés Trichocènes.

γ. VAR. INTERMÉDIAIRE.   *VAR. INTERMEDIA.* N. [Pl. 26.]

H. caule tenuiori, multò minore, compresso, supernè dichotomo; vesic
mediocribus, caulinis longis, ramealibus brevioribus, parvis, ellipticis : con
taculis (non adultis) parvis, ovalibus, infernè attenuato-subcuneatis, ped
culoque vix longioribus.

J'ai rencontré cette variété rejetée sur la côte occidentale de Miclon en 1819, apr
tempête d'une violence extrêmement rare, qui suivit une des plus belles aurores bor

qu'on ait observées dans le pays (1). Quoique plus rapprochée de l'espèce qui suit, par sa structure fort grêle et moins rameuse que l'état distingué sous le nom d'*elliptica*, elle doit être jointe à mon avis, comme variété à celui-ci, d'après la forme de ses caractères, lesquels me la font considérer comme intermédiaire entre les H. *ovalis* et *gracilis*.

Les frondes de cette hydrophyte sont longues de 3 à 4 décimètres, réduites à deux ou trois millimètres au plus de largeur, et un peu moins comprimées inférieurement que dans l'*Hal. nodosa* commune; mais elles deviennent également planes dans leur partie supérieure, et nous offrent relativement aux proportions générales de la plante, les vésicules de grosseur médiocre, qui se trouvent beaucoup plus longues que de coutume, ayant jusqu'à 18 millimètres, sur une largeur de 8 millimètres au plus. Les branches latérales ont leurs vessies moitié plus petites que les caulinaires, seulement ovales, plus ou moins distantes, quelquefois séparées entre elles et surmontées par une lanière nue latéralement, fort étroite, large seulement d'un millimètre, et longue au plus de 3 à 4 centimètres : elle devient obtuse à son extrémité, où elle se dilate plus ou moins en spatule pour commencer une nouvelle vésicule interne.

Les conceptacles, qui n'ont pas encore atteint leur état adulte sont petits, comme obovés d'une manière plus ou moins oblongue, larges de 3 millimètres, sur 7 à 9 millimètres de longueur, à peu près égaux en longueur à leur pédicelle, qui se trouve moins manifestement cunéiforme que dans la plante qui précède. Ils sont assez souvent réunis deux ensemble, ou solitaires et accompagnés de quelques nouvelles branches dont le sommet est toujours un peu élargi en spatule. Tantôt ces jeunes branches sont réduites à une seule petite bandelette linéaire, et tantôt plus développées elles portent déja vers leur partie moyenne une vésicule innée.

La plante se trouvait munie de plusieurs touffes du *Ceramium polymorphum*, De Cand. fr. qui croît souvent sur elle ainsi que cela a lieu très-fréquemment en Europe. Cette parasite ne diffère nullement des échantillons que j'ai recueillis le long des côtes de France, sur l'*Halidrys nodosa* et autres Fucacées.

____

(1) On a reconnu dans nos colonies de Saint-Pierre et de Miclon, que le lendemain d'une aurore boréale, le ciel conserve encore sa sérénité précédente, mais que le jour suivant on peut compter sur du mauvais temps, même sur un coup de vent plus ou moins impétueux.

5° HALIDRYE GRÈLE. HALIDRYS GRACILIS. [Pl. 27.]

H. minor, ramis subvirgatis; frondibus gracilibus, tereti-vix compressis, vesiculis elliptico-oblongis, remotis; pedicellis subfiliformiter attenuatis: conceptaculis parvis, supernè pedicello circiter duplò brevioribus; junioribus subrotundis, adultis vulgò breviter-ellipticis.

H. *gracilis* DIP., herb. Terræ-Novæ, mus. Par. 1821.

Je n'ai rencontré qu'une seule fois cette espèce; elle était rejetée sur la côte de l'île Saint-Pierre, à l'entrée du port, au mois de septembre 1819.

Des frondes beaucoup moins longues, presque cylindriques au lieu d'être plates, et trois fois plus menues que dans l'Halidrye commune; en outre la forme plus raccourcie jointe à la petitesse des fructifications, distinguent sur le champ celle-ci de l'autre plante, et me paraissent constituer des caractères assez importants, pour l'ériger en espèce proprement dite. Dans l'état ordinaire les jets n'ont que deux millimètres d'épaisseur, sont longs de 4 décimètres au plus, presque cylindriques et munis de vessies aérifères, qui se trouvent distantes et de forme ovale-oblongue : les vessies les plus développées, c'est-à-dire les caulinaires, ont 18 millimètres de longueur, sur 6 millimètres de largeur; celles des rameaux sont ordinairement moitié plus petites, également fort écartées, laissant entre elles 3 à 5 centimètres d'intervalle. Les rameaux, ainsi que le jet principal, sont effilés, légèrement dilatés à leurs subdivisions de même qu'aux endroits d'où sortent les conceptacles, quelquefois réunis depuis 2 jusqu'à 4 sur le même point d'insertion, mais toujours solitaires vers le bas de la plante. Les conceptacles ont ici une petitesse fort remarquable, leur volume n'étant que le sixième au plus de ceux de l'*Halidyrs* β *elliptica :* ils sont ovales presque globuleux, longs de 7 millimètres sur 5 millimètres de largeur, très-obtusément arrondis à leur sommet, et portés sur un pédicelle égal à leur longueur dans la partie inférieure de la fronde, mais en général beaucoup plus long vers l'extrémité supérieure des rameaux. Ces conceptacle se trouvent alternes et opposés, quelquefois géminés, et généralement distants entre eux: je n'en ai rencontré aucuns croissant sur les vessies aériennes dont cette hydrophyte est pourvue.

OBSERVATIONS MICROSCOPIQUES.

En examinant la structure interne des conceptacles, j'y ai rencontré les filaments à clavettes occupant leur cavité : ces filaments ont ordinairement leurs articles gonflés, puis resserrés vers leurs cloisons, qui débordent l'étranglement d'une manière fort remarquable. Leur cavité est occupée par une matière grenue, de couleur jaunâtre, composant des masses coupées et à leurs extrémités, ce qui laisse ensuite le tube dans toute sa transparence. D'autres fois cette matière en remplit tout l'intérieur d'une manière uniforme, ou bien elle ne constitue qu'une espèce d'axe central, confinant aux cloisons par ses deux extrémités, et qui se trouve plus ou moins grêle.

J'ai rencontré d'autres filaments, distincts de ceux à clavettes par leurs cloisons qui ne sont pas saillantes extérieurement : ils diffèrent encore de ces derniers parcequ'ils deviennent au contraire renflés sur leurs articulations, sont vaguement subdivisés ou dichotomes, et se trouvent disposés circulairement autour des loges. J'ai observé aussi parmi ces filaments, des débris d'une couche formée par un mucilage concret, hyalin, qui est inégale et comme bosselée à sa superficie. Je présume qu'elle occupe la partie centrale des conceptacles.

Les loges séminifères qui sont toujours fort nombreuses, ne se trouvaient encore remplies, ainsi que dans la Var. β *intermedia*, que de Microphytes, et ces productions moins développées que dans l'autre plante, se présentaient en petites masses comme fasciculées.

EXPLICATION DES FIGURES.

A. La plante entière avec ses Conceptacles.

B. Conceptacle coupé transversalement.

C. Une loge séminifère isolée et coupée longitudinalement.

D. Les filaments à clavettes.

E. Diverses Microphytes.

F. Autres filaments contenus dans l'intérieur des conceptacles.

γ V. FASCICULEUSE.   *V. FASCICULOSA.*

H. Fronde mediocri, compresso-subplana, vesiculis remotis ellipticis, sæpiùs brevis; lacinulis seu appendiculis minutis, cum fructibus utrinque vulgò fasciculatis.

F. *vesiculosa*; var. γ. *fasciculosa*, DlP. herb. Terræ-Novæ, mus. Par. 1817.

15.

J'ai rencontré cette plante en 1816 rejetée au mois d'août dans l'anse du sud-ouest, l'entrée du havre du Croc ou de la Station: elle porte ainsi que ses congénères des touf d'une Conferve d'un brun rougeâtre ferrugineux, une Sertulaire à jets simples qui sorte d'une racine rampante, et quelques autres parasites.

Cette modification fort singulière de l'Halidrye noueuse, et que j'ai le regret de ne posséd que dans un état de mutilation, constitue peut-être une espèce distincte: mais elle ne por que de très jeunes conceptacles et se trouve en outre trop incomplète, pour pouvc statuer avec certitude sur le rang qu'elle doit occuper. Elle ne peut être rapportée à l', *congesta* ayant ses vessies beaucoup plus distantes et ses frondes munies latéralement de t petites lanières, presqu'en forme d'appendices courts, peu comprimés, généralement no breux et même fasciculés; ni à la variété β. *intermedia*, à cause de ses frondes plus larg et à vessies qui se trouvent proportionnellement beaucoup plus petites.

Les rameaux de cette plante sont très alongés, larges de 3 millimètres environ, presq plats, et munis de vessies ovales, distantes, en général petites n'ayant que 1 centimè environ de longueur, sur 5 à 6 millimètres de largeur, et de proportions uniformes sur divers rameaux. Les principaux laissent souvent beaucoup d'intervalle entre eux, devienne bientôt égaux en force et largeur, au jet dont ils sortent, et présentent latéralement com celui-ci , de très petites lanières sous la forme d'appendices courts, qui naissent plusie ensemble au même point : leur réunion y compose des faisceaux denses , surtout lorsqu sont entremêlés de jeunes conceptacles ou du reste des ramifications qui sortent du mê point. Peut-être ces lanières ne seraient-elles aussi que des fructifications rudimentaires bien avortées. Les conceptacles les plus développés de cette halydrie ont seulement 7 à millimètres au plus de longueur, et ressemblent à de petites massues, dont le pédicelle en se resserrant graduellement vers son extrémité inférieure.

La présence d'une Sertulaire sur les frondes de cette plante , me fait présumer qu'elle cr à une plus grande profondeur sous l'eau que ses autres congénères, ou du moins qu'elle séjourné long-temps avant d'avoir été rejetée à la côte.

TROISIÈME GENRE.

FURCELLAIRE.   FURCELLARIA.

ʀRCELLARIA, Lamˣ., Agardh., Lyngb. : Fuci spec. Linn., Turn., De Cand., etc. : Atremocarpus, N. in quibusdam herbariis.

CARACTÈRE.

RACINE en fibres grèles, filiformes, simples ou rameuses, entremêlées, sou- ·nt rampantes.

TIGE ou FRONDE. Des jets cylindriques aphylles, fermes et d'une consis- ·nce fucoïde, polychotomes, fort lisses et atténués dans leur partie supérieure ; ·vêtus d'une espèce de couche corticale colorée, formée par une agglomération ·i se présente par la transparence, sous la forme de grains obscurs, non sériés, réunis sans ordre dans un mucilage concret demi-transparent.

FRUCTIFICATION. Les deux branches des dichotomies terminales se reu- ·nt en Conceptacles uniloculaires, cylindriques, quelquefois fusiformes, rare- ·ent comprimés, clos de toutes parts : renfermant dans toute leur longueur des ·minules horizontales revêtues d'une Tunique hyaline, plus ou moins longue- ·nt ovoïdes, quelquefois sub-cylindracées, ordinairement terminées d'une ma- ·re plus obtuse à leur extrémité dirigée en dehors qu'à l'opposée ; formées ·ne matière homogène, seulement translucide, toujours placée entre la couche ·rticale et la masse des corps sphéroïdaux qui entourent la partie centrale. Cette ·rnière renferme des espèces de jets ou lanières simples, d'une nature ana- ·ue aux Microphytes. Absence de tout système vasculaire dans ces concep- ·les, et la dissémination n'ayant lieu que par destruction du fruit.

VÉGÉTATION : Plantes marines, tenaces, réunies en touffes ; ne se ramifia
que par dichotomies uniformes, fastigiées, et dont toutes les sommités
changent seules en conceptacles : ces fructifications naissent pendant l'hiver.
crois ces végétaux doués d'une longue existence.

HABITATION : Sur les rochers, à peu de distance du terme de l'abaisseme
des eaux aux marées de lune ordinaires. Du reste on la trouve presque toujou
rejetée sur la plage.

COULEURS : D'un vert olivâtre, plus rarement d'une nuance bleuâ
comme violacée : les extrémités supérieures plus pâles et un peu rougeâtres : c
teintes se changent par la dessication en un noir opaque. La plante prend ég
lement cette dernière couleur lorsqu'elle reste abandonnée et pourrit sur
rivage.

CONSIDÉRATIONS SUR LE GENRE *FURCELLARIA*.

La furcellaire est une de ces formes particulières qui, n'ayant de rapports immédiats a
aucun des végétaux de la famille des Algues, ne peut se trouver jointe que comme affin
l'une des tribus établies dans leur classification. Quoiqu'elle s'éloigne des Fucus, par
fructification en conceptacles clos ainsi que dans les Plocamiées, elle se rattache aux prem
par la nature de sa fronde, par des racines fibreuses que nous retrouvons aussi chez les La
naires ; par un mode de subdivision en jets dichotomes et qui sont ici de forme ronde com
dans le *Fucus bifurcatus* ou *tuberculatus* ; enfin par l'état épars ou non sérié des grains
composent sa fronde, ainsi que chez les Halidryes. Si nous remarquons des rapports néga
dans l'état uniloculaire et indéhiscent des conceptacles, ils sont infirmés par la contin
de ces conceptacles avec la fronde, par une analogie marquée sous le rapport de leur fo
et de leur position ; et surtout par la présence des Séminules plus ou moins manifesten
pyriformes, qui sont toujours aussi revêtues d'une tunique hyaline.

Tels sont les motifs qui m'ont décidé à placer la Furcellaire parmi les Fucacées, a
qu'Agard l'avait déja fait, car elle ne peut être jointe par une somme égale d'analogie
aucun autre groupe. Si elle retrouve de l'affinité avec les Plocamiées par sa substa

artilagineuse, par une teinte rougeâtre sur les sommités nouvellement développées ; par
l'état fibreux de ses racines, caractère qui reparaît quelquefois dans cette autre tribu et
chez quelques *Sphærococcus*, enfin par des conceptacles clos de toutes parts; elle en diffère
essentiellement parcequ'elle ne nous présente qu'une fructification d'une seule espèce et
toujours terminale. Elle pourrait peut-être, en conséquence, devenir une espèce d'intermédiaire entre ces deux tribus remarquables, mais je n'ai pu me résoudre à l'ériger en Ordre
ou groupe partiel, et laissant à d'autres ce morcellement presque moléculaire de la science,
je me bornerai relativement au genre que la Furcellaire constitue si légitimement, à main-
tenir son isolement du *Fucus rotundus* de Gmelin et de Turner, dont Agardh a déja
composé judicieusement le genre *Polyides*. En effet, nous remarquons dans cette dernière
plante, un simple écusson ou tubercule pour racine; et deux modes de fructification, dont
l'un consiste en grosses verrues séminifères et le second, que je viens de découvrir, en
séminules éparses innées dans la fronde, ainsi que chez les Délesseriées: ce sont là des
caractères trop importants pour qu'on les sacrifie à l'analogie d'une végétation par
dichotomies.

Si nous considérons enfin l'état interne des séminules, et leur disposition rayonnante
dans une partie du végétal d'où elles ne peuvent sortir que par la destruction de celle-ci,
des rapports fructuaires établissent un autre genre d'affinités entre la Furcellaire et la
Chordaria flagelliformis d'Agardh et de Lyngbye, ainsi qu'avec la Funiculaire lacet,
Chorda filum de Lam^x., ou *Fucus filum* de Linné.

Cette réduction du genre *Furcellaria* à l'espèce nommée *fastigiata* ou *lumbricalis*, paraîtra
sans doute trop exclusive à ceux qui ne connaissent qu'un des états sous lesquels se présente
ce végétal : mais j'en ai rencontré diverses modifications, outre lesquelles une autre encore
a été présentée sous le nom de *fastigiata* par Lyngbye. Comme dans les plantes d'une telle
simplicité de formes, une différence qui ne constituerait ailleurs qu'une simple variété , me
semble devoir être considérée ici comme un caractère spécifique, en composant le genre
Furcellaria d'après les caractères réunis de ces divers individus, ceux-ci se trouvent par
conséquent érigés en espèces. Le *Furcellaria* est aussi un de ces types autour desquels les
formes s'altèrent d'une manière plus ou moins remarquable; et plus on observe attentivement les végétaux dans des lieux et sous des climats différents, et plus on reconnaît de
variations analogues. Ces modifications constituent des caractères d'une valeur réelle quand
elles offrent de la fixité, mais on les qualifie souvent d'une manière trop arbitraire, en leur
attachant trop ou trop peu d'importance.

La Furcellaire est fort abondante dans les mers septentrionales, d'où elle descend jusqu[u]
dans la partie moyenne de la zone tempérée, mais pas au-delà. Elle habite en France sur le[s]
rochers qui ne se découvrent qu'aux deux tiers environ du maximum de l'abaissemen[t]
des eaux aux marées de lune, c'est-à-dire, au-dessous de la région moyenne du *Fucus serratus*[.]
Lorsqu'elle s'est enracinée sur quelques corps mobile qui a été poussé sur une plage sa[-]
blonneuse, et s'est enfoui presqu'en totalité, la plante ne nous offrant plus que les som[-]
mités de ses conceptacles au-dessus du sol, ressemble en quelque sorte à un amas d[e]
petits Lombrics sortant de terre; et je présume que c'est ce qui l'avait fait considérer pa[r]
Gmelin, comme le *Fucus lumbricalis* des anciens auteurs. Les jets stériles restent toujou[r]
fastigiés avec beaucoup de régularité, mais pendant la fructification les dichotomies term[i-]
nales s'alongent en conceptacles qui s'élèvent d'une manière très-remarquable au-dessus d[u]
niveau des autres rameaux. Quoique je n'aie pu déterminer encore avec certitude, tou[t]
la durée de cette Algue, nous acquérons la preuve qu'elle jouit d'une longue existenc[e]
par la présence d'un petit Gland-de-mer (*Balanus*), de diverses Sertulaires qui vienne[nt]
s'établir sur les individus fructifères; et surtout par celle du *Flustra pilosa*, qui envelopp[e]
quelquefois la plante presque en totalité.

Cette thalassiophyte diffère des autres fucacées, par l'absence complète de tout systèm[e]
vasculaire. La superficie de sa fronde, observée au microscope, est couverte de petits grai[ns]
arrondis, souvent même un peu alongés et à peu-près égaux : ils sont d'un brun obscu[r]
épars et distribués avec assez d'uniformité, laissant entre eux un espace environ égal à le[ur]
volume. Ils sont incrustés dans un mucilage concret demi-transparent, qui forme autour [de]
chacun d'eux une petite bordure diaphane, par laquelle ils se trouvent isolés de ceux qui l[es]
avoisinent. Mais en coupant transversalement la fronde, on voit que ces corps sous la form[e]
de grains, ne sont autre chose que les sommités de petites chevilles ou baguettes horizontale[s]
presque filiformes, rectilignes, composant avec le mucilage concret la couche corticale, [et]
dans laquelle ces espèces de chevilles sont toutes placées d'une manière rayonnante vers [le]
centre du végétal. Cette couche corticale est seule colorée en brunâtre, tout le reste des parti[es]
internes est d'une blancheur uniforme. Les petites chevilles rayonnantes se trouvent esp[a-]
cées entre elles avec assez de symétrie, en se succédant d'une manière alterne ou interpositi[ve]
jusqu'à la couche suivante. Chacune d'elles est composée d'une agglomération de grai[ns]
utriculaires, demi-transparents, un peu grisâtres ou jaunâtres. Le mucilage concret qui l[es]
contient, devient de la transparence vitrée la plus parfaite, immédiatement après la couc[he]
corticale. Ces petites chevilles accroissent assez subitement en volume, de même que leu[r]

utricules, à l'endroit où se termine le système rayonnant : au lieu de rester linéaires, chacune d'elles passe à l'état fusiforme ou subcylindrique, se trouve obtuse ou amincie à ses extrémités et prend une couleur diaphane tirant sur le gris-cendré. Mais ce n'est ici qu'une forme de transition, à laquelle succède immédiatement un amas de sphéroïdes amoncelés confusément, lesquels entourent aussi la partie centrale, en formant une espèce de couche circulaire assez sombre. Chacun de ces corps est composé d'une agglomération de grosses utricules transparentes, et la masse l'est elle-même en totalité lorsqu'on l'isole. Si on vient à l'écraser, tous ces globules se détachent réciproquement et se disséminent de tous côtés.

Ces sphéroïdes paraissent enveloppés d'une tunique hyaline ainsi que les séminules des Fucacées ; mais ils diffèrent essentiellement de celles-ci par leur forme globuleuse et par la grosseur des utricules dont ils se composent : ils sont reçus dans les cavités d'un mucilage concret qui est de la transparence la plus parfaite. Ces cavités se présentent sous la forme de larges aréoles au bord des ruptures, lorsque ces sphéroïdes s'en sont échappés, et c'est peut-être en se relevant simplement autour de la circonférence de ceux-ci que cette substance concrète se présenterait sous l'apparence d'un bord hyalin, tel que nous l'observons dans les graines tuniquées.

La partie centrale du végétal se compose d'un amas confus et assez lâche de petits corps un peu jaunâtres, polymorphes, les uns alongés, linéaires ou ovales très-oblongs ; d'autres plus courts, elliptiques, ovoïdes ou cunéiformes ; on en rencontre d'autres qui sont quelquefois spatulés à une de leurs extrémités, ou simplement arrondis d'une manière très obtuse. A l'aide de leur demi-transparence on reconnaît qu'ils sont formés d'une matière utriculaire, dont les grains ou utricules ont plus de finesse que dans les petites baguettes rayonnantes de la couche corticale. Chacun de ces petits corps m'a paru entouré d'un bord hyalin, ce que j'attribue à la même cause que ci-dessus ; et lorsqu'ils se présentent par le sommet, ce qui arrive quand ils sont dans une position perpendiculaire, on les prendrait pour une substance d'une autre nature, c'est-à-dire pour un simple grain sphérique, en ce qu'ils deviennent plus obscurs que les parties voisines, par l'effet du raccourci : c'est cet effet seul qui a pu induire en erreur à leur égard.

Les observations qui précèdent ont été faites sur des portions de la plante, extraites d'un rameau qui présentait encore au-delà trois autres bifurcations, et par conséquent se trouvait dans un état de développement parfait. J'ai cru devoir les completter en y joignant l'analyse suivante, d'après un autre fragment pris sur le milieu d'une des branches des dichotomies terminales : celles-ci ne peuvent être considérées que comme fort jeunes, puisqu'elles n'ont en

16

totalité que 4 millimètres de longueur, et se trouvent d'un rouge pâle encore diaphane; lorsqu'on les observe par la transparence. J'ai remarqué dans cette partie, que les grains (qu'on me passe ce mot d'après l'apparence de la surface extérieure), s'y trouvent fréquemment rapprochés entre eux deux à deux, trois à trois, ou bien en plus grand nombre, et que la substance de la fronde devient plus obscure sous ces réunions : en outre que leur prolongement interne devient fort grêle et ne s'étend plus jusqu'à la région où doivent naître les sphéroïdes. Ces derniers corps n'étaient pas encore développés et je n'ai vu à leur place que de petites masses diaphanes, ovales-oblongues, ovoïdes ou pyriformes, munies seulement d'une petite quantité d'utricules réunies entre elles dans quelques endroits de leur substance. La matière qui occupait le centre, renfermait déja les petits corps alongés qu'on observe dans les parties adultes; ils avaient de même une couleur grise comme jaunâtre, étaient amincis à chaque extrémité, quelquefois au contraire un peu épaissis à l'une d'elles, de longueur inégale, ordinairement arqués ou un peu flexueux, et entremêlés de la manière la plus confuse.

Les conceptacles m'ont offert la même structure que le reste de la fronde, puisqu'ils n'en sont que la continuité; mais par l'augmentation de volume qui s'opère sur ce point, les corps rayonnants acquièrent plus de longueur, les sphéroïdes une grosseur plus considérable, enfin la partie centrale se trouve disposée d'une manière plus lâche.

Les séminules naissent dans le système rayonnant, entre la couche corticale colorée et les sphéroïdes : elles se distinguent de toute la masse interne, par leur nuance violacée ou d'autres fois brunâtre, et par l'uniformité de la masse homogène qui les compose. Ces séminules, variables dans leur forme, se trouvant plus ou moins longuement ovoïdes, quelquefois même subcylindracées, ordinairement amincies à l'une de leurs extrémités et obtusément arrondies à l'opposée : elles sont la plupart un peu moins grosses que les sphéroïdes, mais plus longues et se distinguent de tous les corps internes, en ce qu'elles paraissent entièrement composées d'un mucilage concret et diaphane, uniquement composé de petits grains d'une extrême finesse. Si l'on exerce contre ces séminules une forte compression, elles ne brisent point par petites molécules, mais leur masse se rompt transversalement en trois ou quatre tranches parallèles, à peu près d'égales dimensions, et le plus souvent un peu obliques. C'est une disposition d'autant plus extraordinaire, que rien dans la structure interne ne paraît la déterminer : elle s'opère aussi naturellement, comme je l'ai vérifié ensuite, et cet état a été improprement nommé leur *Déhiscence*. Ces graines mutilées nous présentent quelquefois un aspect comme étagé, par la saillie réciproque de leurs divers tronçons; et quoique les rup tures traversent tout le diamètre de chaque séminule, les trois ou quatre portions de celle-ci restent contigues, de manière à lui conserver à peu près sa forme primitive. Toutes ces graines sont revêtues d'une tunique hyaline ainsi que celles des autres fucacées. Je présume que la nuance violette bien caractérisée, qu'elles m'ont offerte dans quelques conceptacles, résulte de ce qu'elles sont moins avancées en âge que celles dont la couleur plus sombre, est d'un brun un peu jaunâtre. J'ai rencontré ces dernières sur un autre individu, dont une partie des conceptacles avaient déja leur sommet détruit par la vétusté. Ces conceptacles étaient même devenus comme tubuleux, sur un tiers de leur longueur, par la destruction de leur partie centrale, et je craignis au premier abord de n'y plus trouver de graines.

Quoique je n'aie point découvert de Microphytes dans ces végétaux, je soupçonne qu'elles y sont remplacées par les petits corps répandus confusément dans la partie centrale des conceptacles, ainsi que dans celle de fronde, et qui se présentent la plupart sous la forme de petites lanières polymorphes. On découvre à l'aide de leur demi-transparence, qu'ils contiennent ainsi que les Microphytes, une matière grenue dont la présence concourt avec la forme en lanières de ces corps, à déterminer l'analogie qu'ils ont avec les frondules de ces autres productions endocarpiennes.

En résumant cette analyse, nous remarquons chez cette plante 1°.: un cercle cortical coloré, se fondant dans un mucilage concret hyalin et contenant des petites baguettes rayonnantes : cette portion constitue le *Thalamus*, puisque c'est là seulement que naissent les séminules. 2°. Qu'à cette couche succède la région où s'agglomèrent les sphéroïdes à grosses utricules. 3°. Enfin que la partie centrale enveloppée par cette agglomération, ne nous offre plus qu'un mucilage avec des petits corps alongés, disséminés confusément dans sa masse. Je ne dois pas omettre que toutes ces observations sont faites avec une lentille grossissant cinq cents fois les objets, d'où il résulte que les diverses parties auxquelles je donne les noms de *baguettes, chevilles, lanières* etc., ne sont que des points d'une petitesse extrême, invisibles à l'œil nu ; mais ils se présentent sur le porte-objet sous des proportions qui nécessitent la qualification que je leur ai donnée.

Lorsque j'ai comparé mes observations avec ce que dit Agardh de la stucture interne de cette plante, je vois avec beaucoup de surprise qu'il ait omis tant de détails importants : il réduit tous ces appareils « à une couche extérieure, complettement remplie de grains pyri-
« formes ou linéaires, parallèles, horizontaux, rapprochés de la manière la plus dense. La
« couche interne ou centrale, ajoute-t-il, forme une espèce de moëlle plus lâche et plus
« muqueuse, remplie en totalité de *Capsules* sphériques, noires, entourées d'un bord diaphane

16.

« extrêmement mince. Il rencontre encore dans ces deux couches une poussière de la plu
« grande finesse, qui se répand dans l'eau comme un nuage: lorsqu'on coupe le fruit (concep
« tacle), cette poussière n'est composée que de grains sphériques, hyalins et d'une petitess
« infinie. » Je présume que ces Capsules, observées par Agardh dans la partie centrale
sont les petits corps alongés, vus en raccourci et plus obscurs que tout le reste du systèm
plutôt que les sphéroïdes à grosses vésicules, ceux-ci se trouvant toujours assez diaphane
Nous ferons observer à ce sujet, que les Fucacées prototypes n'ayant point un double mod
de fructification, les Capsules (globules séminifères) ne doivent se rencontrer ni chez c
végétaux, ni dans la Furcellaire en raison de ses affinités avec eux.

A l'époque où les botanistes n'admettaient que des graines extérieures, la fructification de l
Furcellaire et de quelques autres espèces devint pour eux un sujet d'incertitudes. Gmelin cr
la rencontrer dans des corps qu'il définit par *«vésicules ovales-lancéolées, déhiscentes
leur sommet et répandant un mucilage prolifère »* : mais il est probable que ces vésicules n
sont autre chose qu'un petit Zoophyte qui s'était établi sur la plante dont nous nou
occupons. Lamouroux ne dit rien au sujet de ses fruits: enfin Turner et Lyngbye aperçoiver
et décrivent les séminules d'une manière positive; mais aucun d'eux n'a observé la tuniqu
hyaline dont elles sont revêtues, et Turner attribue à ces séminules une couleur seuleme
brunâtre. Il considère en outre comme un mode de déhiscence, ces ruptures transversal
figurées aussi par Lyngbye et qui ne me semblent que des fractures accidentelles. Comm
je n'ai vu dans chacune de ces séminules, qu'une masse concrète, homogène et sar
cavité interne, ce système de déhiscence se trouverait de toute inutilité.

Cette hydrophyte est une des espèces qui se détruisent avec le plus de difficulté le lor
de nos côtes. Lorsqu'elle se trouve rejettée par les grandes marées, dans la partie supérieur
du rivage, et qu'elle y reste long-temps exposée aux pluies fréquentes de l'automne, el
nous présente une espèce de petite SPHÉRIE noire, de forme globuleuse et dont la cavi
renferme une poussière composée de grains également noirs, d'une extrême finesse: j'
vu la plante dans cet état à l'île de Sein, à l'extrémité occidentale de la basse-Bretagne,
Lyngbye l'a aussi rencontrée de même sur les côtes de Danemarck. Cette hydrophyte res
toujours noire, ainsi que la plupart des Fucacées, lorsqu'elle va pourrir abandonnée sur
rivage, tandis que le *Fucus rotundus* (Gmel.) se gonfle et blanchit alors(1). Les frondes stéril

---

(1) Cet effet établit des rapports de nature entre cette dernière thalassiophyte et le *Gelidium coron
pifolium*, les *Chondrus polymorphus*, *palmetta*; *Gigartina confervoïdes*, etc., et même quelques L

de celui-ci peuvent même se distinguer facilement de celles de la Furcellaire par leurs petites bifurcations terminales qui sont toujours ouvertes, au lieu de rester presque parallèles ou même contigues ainsi que dans cette dernière plante.

ESPÈCES.

FURCELLAIRE FASTIGIÉE. FURCELLARIA FASTIGIATA. [Pl. 3o.]

1º ÉLEVÉE.   PROCERA. N.

F. radicibus filiformibus implexis; frondibus teretibus polychotomis confertis, æqualibus, fastigiatis; dichotomiis sterilibus sursùm gracilioribus ac breviter bifurcis; fructiferis longioribus, in conceptacula simplicia, longè cylindrica, 3-4 crassiora, intumescentibus.

F. fastigiata, Lam^x. Ess., p. 26; Ag. spec. alg., p. 103 : *Fucus fastigiatus*, Huds., fl. angl., p. 588; Gmel. Fuc., p. 106, t. 6, f. 10; Linn. sp. pl. 2, p. 1631 : *F. lumbricalis*, Gmel. loc. cit., t. 6, f. 2; Turn. hist. Fuc., t. 6; De Cand. loc. cit., p. 22 : *F. furcellatus*, Linn. sp. pl., p. 1631; ejusd. Syst. Nat., p. 718; Fl. Dan., t. 419 et t. 1544, p. 6; Gunn. fl. Norveg., 2, p. 78 : *F. lumbricalis*, Lam^x. loc. cit.; Lyngb. hydr. Dan., p. 48.

Je n'ai rencontré cette espèce que rejettée sur la plage aux marées de septembre 1819, à l'île Saint-Pierre, et sur la côte occidentale de Miclon au mois d'octobre suivant : elle me paraît beaucoup plus rare dans ces parages que sur le littoral de la France.

La plante ne diffère point de l'état sous lequel elle se présente ordinairement dans les mers de l'ancien continent : sa hauteur varie de 1 à 16 décimètres et se divise en 5, 6 et quelquefois même 7 bifurcations, dont les terminales sur les rameaux stériles sont amincies, courtement bifides, et fastigiées d'une manière fort symétrique : les deux petites branches de cette dichotomie terminale étant toujours peu ouvertes, fournissent conjointement avec la racine fibreuse du végétal, des caractères par lesquels on peut sur-le-champ distinguer cette espèce du *Polyides lumbricalis* Ag., ou *Fuc. rotundus* de Gmelin.

minaires des côtes de France, que j'ai signalées le premier comme espèces distinctes : chez toutes ces Algues la fronde blanchit avant de tomber en pourriture. Quant à ces Laminaires, elles sont les seuls végétaux de toute la tribu des Fucacées, chez lesquels on observe ce mode d'altération.

Les dichotomies qui se changent en fructifications, s'alongent successivement et deviennen
3 à 4 fois plus grosses que le reste du végétal : elles forment des conceptacles siliquiformes
qui sont longs de 4 centimètres le plus ordinairement et gros de 3 millimètres environ. I
sont cylindriques, et jamais bifurqués à leur sommet, qui s'amincit graduellement en un
pointe obtuse. On rencontre quelquefois des branches où la disposition fructifère descen
au-dessous de la bifurcation terminale, de manière à faire paraître les conceptacle
bifurqués.

EXPLICATION DES FIGURES.

A. La plante entière dans l'état stérile et avec ses fructifications. — B. Portion de la tige coupée transve
salement. — C. Autre fragment représentant un tronçon pris dans la partie moyenne d'un conceptac
— D. Portion de ce même fragment beaucoup plus grossie, afin de montrer plus distinctement l'org
nisation des sphéroïdes à grosses utricules et les petits corps alongés, situés dans la partie central
qui remplacent peut-être ici les Microphytes. — E. Diverses séminules avec leurs ruptures transversal

ERRATA. — Dans le tableau du groupe des Laminariées (p. 23), rétablissez ainsi le caractère diagnostique du genre Podopté

« Stipe avec une nervure longitudinale traversant la fronde ; les déchirures de celle-ci toujours transversales et parallèles. La partie supérieure du st
« garnie de pinnules distiques portant les séminules. »

OBSERVATIONS.

C'est à tort qu'Agardh rapporte en synonymie à cette espèce le *Fuc. fastigiatu*
indiqué par De Candolle dans la flore française : cette dernière plante est
Polyides lumbricalis Ag. ou *Fucus rotundus* de Gmelin. La description ne lais
aucun doute à cet égard, mais il y a une erreur dans celle-ci quant à sa couleu
en ce que l'auteur lui attribue celle du *Furc. fastigiata*. M. De Candolle a comm
cette méprise en indiquant sans doute cette nuance d'après la figure du F
Danica qui est relative au *Furc. fastigiata* : il s'est en outre trompé en joigna
en synonyme à la description de son espèce, le *Fuc. fastigiatus* des transactio
de la société Linnéenne de Londres, lequel constitue la Furcellaire dont no
venons d'indiquer les caractères distinctifs.

Induits en erreur sur cette Thalassiophyte, par la différence infinie qui exis
entre la plante dans l'état stérile et dans l'état fructifère, les anciens auteurs

.inné lui-même l'ont présentée comme deux espèces différentes : ensuite Gmelin, n la prenant pour le *Fucus forcellata lumbricalis species* de Bauhin, pin. 366, , qui est le *Polyides lumbricalis,* a fait commettre la même faute à tous les bo-inistes qui ont traité des algues d'après lui ; et c'est enfin au judicieux Agardh, ue nous devons la rectification de cette méprise, d'où il pouvait résulter long-emps encore une source d'incertitudes sur ces deux espèces.

Ayant long-temps observé chacune de ces algues, et m'étant attaché à recueillir utes les modifications qu'elles éprouvent sur les côtes de France, je crois pou-ir confirmer qu'elles forment deux types génériques bien distincts, surtout ir la différence de leurs fructifications et de leurs racines. Comme ces plantes us offrent quatre ou cinq différences de forme, ces états constituent autant espèces dans leurs genres respectifs ; pour completter cet article nous allons diquer succinctement le reste de celles dont se compose le genre *Furcellaria* ans nos mers boréales.

2° FURCELLAIRE subulée.   *FURCELLARIA subulata.* n.

F. triplo minor et undiquè fusco-castaneo subdiaphana : dichotomiis gracilibus, subfili-mibus ; conceptaculis cylindricis disparibus, plerisque attenuato-longè subulatis.

Je n'ai rencontré qu'un seul échantillon de cette Furcellaire : il était rejetté sur la plage voisine de la Chambre mour, entre Biaritz et l'embouchure de l'Adour, aux environs de Bayonne. La plante entière n'a environ 8 centimètres de longueur, et ses conceptacles un millimètre de grosseur : ceux-ci sont longs de deux timètres au plus et amincis en une pointe subulée diaphane, d'un tiers plus longue que le conceptacle même. Toute la plante est d'un brun maron assez diaphane.

3° FURCELLAIRE entassée.   *FUCELLARIA condensata.* n.

F. elatior, gracilis, in sicco aterrima ; dichotomiis numerosis, superioribus fructiferis nsè fastigiatis : conceptaculis parvis, cylindricis sublinearibus.

Elle habite l'extrémité occidentale de la Basse-Bretagne : je l'ai trouvée rejetée dans la rade de Brest et ur du port de l'île de Scin au mois de septembre 1822. La plante s'élève à un décimètre au plus ; elle est noir foncé qui se change, sur la partie inférieure de la fronde, en couleur marron, lorsqu'on l'observe la transparence ; mais ses conceptacles restent opaques. Ceux-ci sont fort petits, cylindriques, environ de la grosseur de ceux de la plante qui précède et au moins moitié plus courts, n'ayant guère qu'un centimètre de longueur dans l'état adulte. La tige se bifurque 7 à 8 fois et devient très-caractérisée par la disposition entassée de ses nombreux conceptacles.

4° FURCELLAIRE DE TURNER. *FURCELLARIA TURNERI.* N.

F. conceptaculis parvis, compressis, ovato-lanceolatis, diaphanis. Turn.

Fucus palmaris, tenuis, in orbem expansus, in segmenta bifida vel trifida breviora, teretia divisus. Moriss. hist. Ox., III, s. 15 t. 9, f. 9 : *F. lumbricalis* β. *fastigiatus*, Turn. fuc., vol. 1, pl. 6, f. b.

On trouve cette Furcellaire sur les côtes d'Angleterre et dans la mer d'Allemagne. La figure qu'en a publiée Turner, représente avec beaucoup d'exactitude, selon Lyngbye, l'état sous lequel la plante se présente en Danemarck, le long des côtes de la Fionie septentrionale. L'auteur anglais ayant soumis au microscope les conceptacles de cette espèce, n'y a rencontré aucun vestige de séminules, ni de graine quelconques : il s'est même assuré par la dissection, qu'ils ne renfermaient qu'un mucilage diaphane, de fibres réticulées et des taches circulaires.

5° FURCELLAIRE DIVARIQUÉE. *FURCELLARIA DIVARICATA.* N.

F. conceptaculis parvis teretibus, diaphanis, fusiformibus vel lanceolatis, superioribus divaricatis diaphanis : dichotomiis superioribus divaricatis, supremis non confertis, sta inæqualibus.

Je l'ai recueillie sur les rochers inférieurs parmi les Corallines, aux environs de Saint-Malo, et sur la côte extérieure de Camaret, aux environs de Brest. Cette plante est haute de 8 à 9 centimètres, grêle, presque opaque, excepté sur ses conceptacles qui sont d'un brun marron diaphane. Les rameaux supérieurs, au lieu d'être rapprochés densement, ont leurs dichotomies divariquées et souvent même de longueur inégale. Les conceptacles n'ayant que 6 à 7 millimètres de longueur, sur 1 millimètre de largeur, sont plus petits que dans les deux espèces précédentes, dont ils se distinguent surtout par leur état fusiforme et demi-transparent.

5° FURCELLAIRE DE LYNGBYE. *FURCELLARIA LYNGBYEI.*

F. validor, conceptaculis longioribus, cylindraceo-utrinque attenuatis acutis.

Nous ferons observer relativement à cette plante, que l'auteur dit le sommet des conceptacles obtus, tandis que la figure de son ouvrage le représente aigu. Si le dessinateur a commis une erreur, l'auteur devait la signaler. Néanmoins l'état comme fusiforme de ces fructifications, joint à leurs proportions plus courte, que dans la plante n° 1er de nos mers et de Terre-Neuve, m'ont déterminé à la présenter ici comme une espèce distincte.

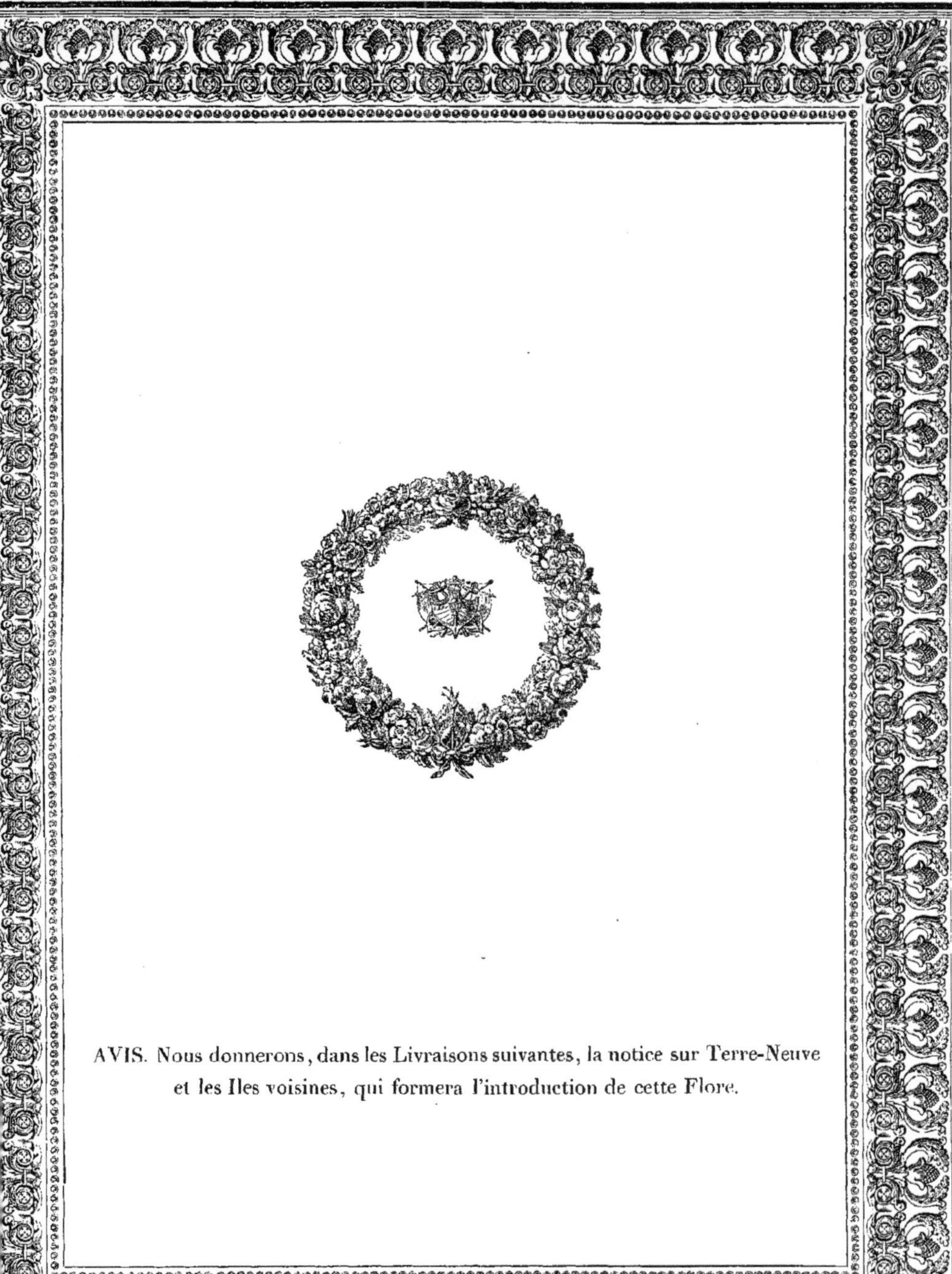

AVIS. Nous donnerons, dans les Livraisons suivantes, la notice sur Terre-Neuve et les Iles voisines, qui formera l'introduction de cette Flore.

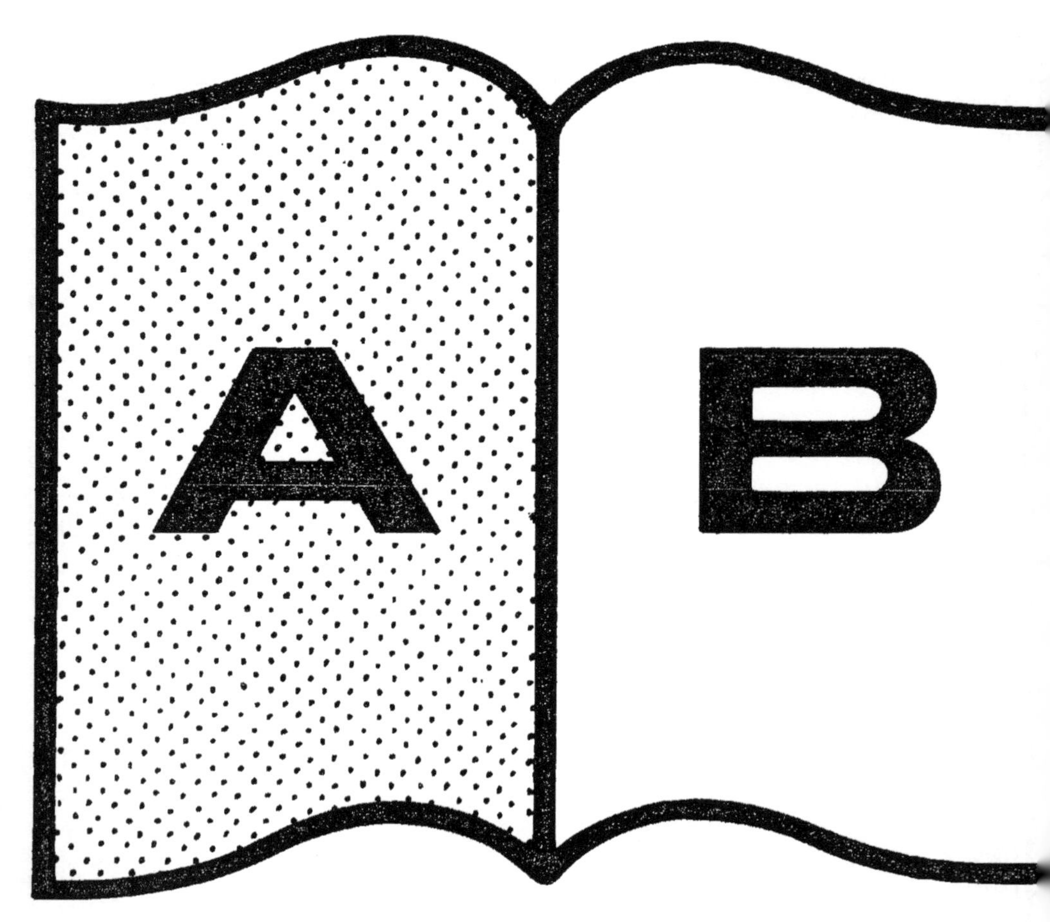

Contraste insuffisant

NF Z 43-120-14

TABLE DES MATIÈRES.

Pages.

Préface V

Première leçon. — Du chancre syphilitique suppurant. 1

Deuxième leçon. — Du chancre infectant. 13

Troisième leçon. — Double inoculation syphilitique. Transmission de la syphilis par les accidents secondaires et la vaccination. 27

Quatrième leçon. — Inoculation vaccino-syphilitique. 37

Cinquième leçon. — De l'inoculation vaccino-syphilitique. . . 55

Sixième leçon. — Double inoculation. 68

Septième leçon. — De l'inoculation pratiquée avec le sang de syphilitique. 83

Huitième leçon. — Des modifications imprimées à l'inoculation de la syphilis par la transmission héréditaire de cette maladie 95

Neuvième leçon. — Des modifications produites par l'existence d'une maladie antécédente sur les effets de l'inoculation syphilitique. 104

Observation présentée à l'Académie de médecine par M. Devergie (séance du 19 mai 1863). — Syphilis tuberculeuse, généralisée chez un enfant de 15 ans, avec des présomptions d'infection par la vaccine inoculée bras à bras à l'hôpital Sainte-Eugénie 114

Paris, Imp. Moquet, rue des-Fossés-St-Jacques. 11.